W0195675

Storytelling

Mit Geschichten überzeugen

Gregor Adamczyk

Inhalt

Statt eines Vorworts: Eine Einladung

Sie halten gerade eine Einladung in Form eines Buches in Ihren Händen. Folgen Sie ihr und blicken Sie hinter die Kulissen unserer so oft nur auf Zahlen und Nutzen begrenzten Realität. Mit diesem TaschenGuide können Sie den menschlichen Geist „backstage" erkunden und frappierende Entdeckungen machen.

Uns ist die schöpferische Fähigkeit gegeben, mit Hilfe von Erzählungen im Labyrinth der Welt für uns und andere einen roten Faden zu finden. Dank dieser Fertigkeit können wir unseren widersprüchlichsten Gedanken, Motiven und Erfahrungen, unseren inneren Konflikten, Sehnsüchten und Gefühlen Struktur und Sinn geben. Dies macht aus uns unverwechselbare Persönlichkeiten: keine auf Autopilot geschalteten und auf Fakten fixierte Leistungsträger oder verwirrte Einzeller in einem sich selbstverdauenden „Karriere-up-und-down-Organismus", sondern Menschen – aus Fleisch und Blut, mit Herz und Verstand. Wenn wir uns auf dieses Talent verlassen, gewinnen wir etwas sehr Kostbares: Vertrauen und Respekt. Doch oft vernachlässigen wir es oder nutzen es nur unbewusst; es heißt: Geschichten erzählen können.

Sie sind herzlich eingeladen: Erfahren Sie in diesem Buch, wie Sie die Fähigkeit, Vertrauen und Respekt zu gewinnen, mit Hilfe des Geschichtenerzählens trainieren und bewusst nutzen können.

Gregor Adamczyk

Die unheimliche Macht der Geschichte

Was wir Menschen lernen und erleben, legen wir nicht nur als einzelne Fakten in einer Art Zettelkasten unseres Gehirns ab, viel mehr speichern wir Geschichten, die mit Emotionen verknüpft werden. Deshalb wirken Botschaften, die in Geschichten verpackt sind, viel stärker als bloße Fakten.

In diesem Kapitel erfahren Sie,

- dass in jeder Biografie erzählenswerte Geschichten zu finden sind und wie Sie diesen Schatz heben können,
- wie unser Gedächtnis arbeitet und warum Geschichten für ein erfolgreiches Miteinander wichtig sind,
- warum wir aus Geschichten lernen,
- wie Erlebnisse zu Geschichten werden,
- was Storytelling ist und was es bewirkt.

Warum wir Geschichten brauchen

Geschichten sind der Schlüssel zu einer gelungen Kommunikation, denn sie transportieren viel mehr als nur Fakten. Sie
verleihen Persönlichkeiten ein Profil und unserer Welt Struktur. Vor allem dann, wenn wir Menschen für uns und unsere
Sache gewinnen wollen, leisten Geschichten einen wertvollen
Beitrag. Warum das so ist, werden Sie am Ende dieses Kapitels
erfahren.

Beispiel:

Ein früher Morgen irgendwo in Deutschland. Ein Konferenzraum
in einem mittelständischen Unternehmen. Stefan Sommer, ein
Mann Anfang 30, eröffnet das erste Meeting mit seinem neuen
Team. Er hofft, von Anfang an den Teamgeist beschwören und
Aufbruchstimmung erzeugen zu können. Seine Nervosität ver-
sucht er hinter einer professionell ernsten Miene zu verbergen.

SOMMER: „Hallo liebe Kollegen, ich heiße Stefan Sommer und
bin, wie Sie bereits wissen, Ihr neuer Projektleiter. Ich war vorher
bei AKA/GR 124 und dann die letzten zwei Jahre im Ausland. Ich
freue mich, dass Sie alle da sind und hoffe auf eine gute Zusammenarbeit. Ich möchte an dieser Stelle an Sie appellieren, gemeinsam an einem Strang zu ziehen. Ich stelle Ihnen nun die
heutige Agenda vor und die Präsentation zum Projektfahrplan.
Haben Sie Fragen? *(Stille.)* Gut, dann fange ich mal mit der Präsentation ... äh, ich meine mit der Agenda an."

Sein neues Team scheint Herrn Sommer eher abwartend und
reserviert zu begegnen. Was hätte Herr Sommer besser machen können? Bevor wir uns in Spekulationen verlieren oder
dem neuen Projektleiter etwas unterstellen und dabei Gefahr

laufen, mit unseren gut gemeinten Ratschlägen auf seine Ablehnung zu stoßen, bitten wir ihn selbst, die Situation zu analysieren.

Beispiel:

AUTOR: Herr Sommer, ich interessiere mich für den Einsatz von Storytelling im Beruf. Darf ich Sie etwas fragen?

SOMMER: Ja, gerne.

AUTOR: Was glauben Sie – wie sind Sie bei Ihrem neuen Team angekommen?

SOMMER: Äh ... glauben Sie, ich hätte die angespannte Atmosphäre mit einer Anekdote auflockern können? Ich hätte mir schon mehr Begeisterung gewünscht.

AUTOR: Begeisterung ... bei wem?

SOMMER: Ich glaube, der Funken ist von *meiner* Seite nicht so richtig übersprungen.

AUTOR: Haben Sie eine Erklärung dafür?

SOMMER: Ich war gut vorbereitet. Der Projektfahrplan, Aufgabenverteilung, Checklisten ... von der Performance her auch okay. Blickkontakt gehalten und mit Gesten gearbeitet ...

AUTOR: Sie wirken etwas unzufrieden.

SOMMER: Ach ... ich habe letzte Nacht wenig geschlafen ... der Präsentation noch den letzten Schliff gegeben ... *(Er atmet tief durch.)*, wenn ich aber ehrlich sein darf ... Es ist mein erstes richtig großes Projekt. Ich will es nicht verbocken. Es ist wichtig, dass die Leute mich für kompetent halten, sonst kann ich gleich einpacken.

Lassen Sie uns das Gespräch an dieser Stelle beenden und hören, was die neuen Teammitglieder über Herrn Sommer denken. Wir treffen einige von ihnen in der Kaffeeküche.

Beispiel:

KOLLEGE A: Erst mal abwarten ... ihn kommen lassen.

KOLLEGE B: Er ist irgendwie arrogant, bemüht um Perfektion ...

KOLLEGE C: Weder Fisch noch Vogel ... Habe aus der Zentrale gehört, er soll noch nie ein so großes Projekt geleitet haben.

KOLLEGIN D: Mein Näschen sagt mir, der hat die Hosen gestrichen voll.

KOLLEGE A: *(lachend)* Wow, das nenne ich Geruchsinn.

Wie könnte Herrn Sommer mit Hilfe von Storytelling ein besserer Start ins Projekt gelingen und er „den Funken" zwischen sich und seinem Team überspringen lassen? Die Situation ist aus dem unternehmerischen Zusammenhang gerissen, und wir haben keinen Einblick in die Kultur und die Strukturen des Unternehmens, doch die Schlichtheit dieses Beispiels veranschaulicht die Wirkung von Storytelling. Herr Sommer steht vor einer neuen Aufgabe, einer echten Herausforderung, die ihn möglicherweise nicht nur die letzte Nacht um den Schlaf gebracht hat. Wie könnte er dieses wichtige erste Treffen mit seinem Team gestalten?

Sein Ziel ist es die eigene Person glaubwürdig und wirkungsvoll vorzustellen – unabhängig von der mehr oder weniger gelungenen rhetorischen und körpersprachlichen Performance. Er möchte den Funken überspringen lassen und dadurch dem Gerede weniger Nahrung geben. Wie lässt sich dafür Storytelling nutzen? Vielleicht sollte er tatsächlich eine lustige Anekdote als Eisbrecher einbauen, oder eine weniger abgedroschene Metapher für die Zusammenarbeit wählen als „gemeinsam an einem Strang ziehen".

Haben Sie eine Idee? Oder werden Sie gerade ungeduldig und möchten endlich erfahren, was eigentlich Storytelling ist und wie Sie es einsetzen können? Es ist gut, wenn Sie ungeduldig werden, das liegt durchaus in meiner dramaturgischen Absicht, und Sie müssen die Spannung noch eine Weile ertragen.

Unser Leben schreibt die besten Geschichten

Manchmal sehen wir den Wald vor lauter Bäumen nicht. Wir nehmen das Offensichtlichste gar nicht wahr; etwa die schlichte Tatsache, dass wir ständig Erfahrungen machen. In jeder menschlichen Biografie schlummern Vorlagen für bewegende und spannende Geschichten. Höchst individuelle Erfahrungen, die sich in universellen Erzählmustern spiegeln. Geniale Storyteller wie Goethe, Shakespeare oder Spielberg kennen und nutzen diese Erzählmuster. Auch wir können in unserer Biografie Geschichten aufspüren und mit dramaturgischem Können präsentieren. Das hilft uns in brisanten Situationen, etwa wenn es darauf ankommt, Menschen für uns zu gewinnen, eine echte Begegnung zu ermöglichen, bei der nicht Vorurteile und Argumentationen die Regie führen, sondern ein wertvoller und schöpferischer Austausch stattfindet an Gedanken, Erfahrungen und Einsichten. Denn dies ist die Grundlage für erfolgreiche Zusammenarbeit und der Nährboden des Erfolges.

Hätte Herr Sommer in den schlaflosen Nächten vor dem Meeting seine Aufmerksamkeit nicht nur den Projektfahrplänen gewidmet, sondern auch seine Biografie analysiert und sich seines Erfahrungsschatzes entsonnen, hätte er entdecken können, dass er schon mehrmals Situationen nach dem Erzählmuster „das erste Mal" erlebt und auf verschiedene Weise bewältigt hat. Wären ihm diese Parallelen deutlich und die positive Wirkung der Erzählmuster auf Menschen bekannt (siehe hierzu das Kapitel „Der Weg zur guten Geschichte") und würde er das Handwerk eines guten Erzählers kennen, hätte er das Meeting anders gestalten können. Es wäre Raum für Zusammengehörigkeit entstanden und die Zusammenkunft hätte zumindest eine andere Richtung genommen.

> Individuelle, persönliche Erfahrungen prägen unser aller Leben. Sie unterliegen bestimmten Mustern, die wir wiedererkennen und die unsere Geschichten für andere nachvollziehbar machen. Suchen Sie in Situationen, in denen Sie andere Menschen für sich gewinnen wollen, gezielt nach Erlebnissen, die eine Parallele zu Ihrer aktuellen Situation aufweisen und berichten Sie davon. So gewinnen Sie ein individuelles Profil und werden als Mensch wahrgenommen, mit dem offene Gespräche jenseits kalkulierter Phrasen möglich sind.

Übung: Entdecken Sie Ihre Geschichte(n)

Ihr Leben ist ein wahres Füllhorn an Geschichten. Sie müssen sich nur die Mühe machen, sie sich ins Bewusstsein zu holen. Sehen wir uns deshalb gemeinsam den folgenden Film an: Ihren „Way of Life".

Beispiel:

 Sie werden geboren, in einem Dorf zwischen sanften Hügeln oder in einer Großstadt am Meer. Wenn Sie Glück haben, werden Sie beschenkt mit liebevollen Eltern und Großeltern, einigen verrückten Onkels oder Tanten, guten Freunden. Dann folgen Schlaglichter Ihrer Biografie. Die allerersten Male: das erste Mal geschwommen, erster Schultag, der erste Kuss, ein gebrochenes Herz, Trennungsschmerz. Irgendwann verlassen Sie das Zuhause und versuchen in Ihrem Leben die Regie zu übernehmen. Erste berufliche Prüfungen stehen bevor, erste Arbeitstage. Sie treffen auf Menschen, denen Sie vertrauen, und auf Menschen, die Sie enttäuschen, auf Unbeugsame und Arschkriecher, Schnarchnasen, Stehaufmännchen, Korinthenkacker. Sie finden gute und schlechte Vorbilder. Sie bestimmen, wo es lang geht, oder lassen andere entscheiden. Sie arbeiten von morgens bis abends in Sorge um das Eigenheim, die Zukunft Ihrer Kinder oder für den nächsten Urlaub. Sie wollen ein besseres, schöneres Leben führen, glücklich sein, andere glücklich machen. Manchmal gelingt nur das Gegenteil. Sie lieben, hassen, verzweifeln, hoffen, ertragen Schicksalsschläge, Fehleinschätzungen, Verletzungen, aber auch blöde Nachbarn, unangenehme Chefs, nervtötende Arbeitskollegen. An einem Tag wollen Sie die Welt umarmen, an einem anderen verändern, sie gar verlassen oder in die Luft jagen. Sie treffen Entscheidungen oder gehen ihnen aus dem Weg. Sie vermeiden alte Fehler, machen neue, bis Sie ans Ende der Reise gelangen und wie in einem Lied von Peter Fox vielleicht in einem Haus am See zwischen hundert Enkeln sitzen und auf Ihr erfülltes Leben zurückblicken.

Denken Sie kurz zurück an Ihre 20, 30, 40 oder mehr durchlebten Jahre. Füllen Sie all die genannten Stationen mit Ihren persönlichen Erlebnissen. Werden Sie ganz konkret. So können Sie die Schätze heben, die in jeder Biografie verborgen sind. Nutzen Sie dazu gezielt die folgenden Fragen und die beiden Tabellen im Anschluss:

- Woran werden Sie sich einmal erinnern?
- Welche Menschen und Ereignisse haben Sie geprägt?
- Welche Erfolge/Niederlagen haben Sie zu verzeichnen?
- Welche Situationen haben sich in Ihrem Gedächtnis festgebrannt?

- Welche ersten Male flackern wie Filmsequenzen in Ihrer Erinnerung auf? Wer ist dabei? Wer sagt was?

„Das erste Mal" – Ereignisse und Wendepunkte

- Erste Lernschritte (z.B. Schnürsenkelbinden, Musikinstrument spielen, Radfahren, Schwimmen)
- Erster Schultag, erste bestandene oder vergeigte Prüfung (z.B. Führerschein, Abitur, Gesellenprüfung)
- Erster Kuss, erste große Liebe, erste Liebeserklärung, erster Sex, erster Liebeskummer
- Erster Rausch, erster Discobesuch, erste Übernachtung unter freien Himmel
- Erster Urlaub ohne Eltern, Auszug von Zuhause
- Erstes selbst verdientes Geld, erster Vorstellungstermin, erste Kündigung, erste Selbstständigkeit
- Erster Vorgesetzter, Kollege, Kunde, erstes Erfolgsprojekt, erster Mitarbeiter
- Erster großer Konflikt, erste große Lüge, erstes großes Geständnis, erste große Fehlentscheidung
- Erster großer Erfolg, erster Sieg, erste große richtige Entscheidung, erste durchgestandene Krise
- Erstes soziales oder politisches Engagement, erste religiöse Erlebnisse, erste Erkenntnisse und Einsichten
- Erste große Hilfeleistung, erste große Anerkennung
- Erstes großartiges oder bedrohliches Naturerlebnis
- Erster großer Schmerz, erste Enttäuschung, Niederlage, Trauer

- Erste Taufe, Hochzeit, erstes Begräbnis
- Erste Schritte des eigenes Kindes, erste Erfolge eines Mitarbeiters, erste Erfolge der eigenen Abteilung/ des eigenen Unternehmens

Führen Sie sich gezielt wichtige Menschen in Ihrem Leben vor Augen. Wer hat Sie geprägt? Welche Ort sind Ihnen wichtig und warum? Welche Dinge liegen Ihnen am Herzen?

Beispiele für prägende Personen und Orte

- Eltern, Großeltern, Geschwister, deren Freunde und Feinde
- Tanten, Onkel, Cousinen und Cousins, Nachbarn, Spielkameraden und deren Freunde und Feinde, Jugendlieben
- Kindergarten-Erzieher, Sport- und Tanztrainer, Priester, Lehrer, Revierpolizisten, Postboten, Hausärzte
- Roman- und Filmhelden, Musik- und Sportidole
- Lieblingsspielzeuge, geliebte und gefürchtete Haustiere, Glücksbringer, gute und schlechte Geister
- Geburtsland, Heimatort, Heimat der Eltern und Großeltern
- Verbotene und geheime Orte, schlechte Viertel, Urlaubs- und Reiseorte, Fluchtorte, „Nie-wieder-hin"-Orte
- Kinderzimmer, Speicher, Keller, Gärten, Wohnungen und Werkstätte von geliebten und ungeliebten Personen
- Bibliotheken, Straßen, Theater, Kinosäle, Sportstätten …

Vielleicht haben Sie bei der Suche nach erzählenswerten Erfahrungen in Ihrer eigenen Biografie schon eine Idee entwickelt, wie Sie Ihr erstes Meeting mit Ihrem neuen Team an Herrn Sommers Stelle gestaltet hätten. Herr Sommer jedenfalls wurde fündig.

Beispiel:

SOMMER: „Ich möchte Ihnen etwas über mich erzählen. Ich war immer ein Einserschüler, mir flog alles nur so zu. Abitur, BWL- und Jurastudium. Sehr gute Anstellung bei Xerxes. Ein perfekter Lebenslauf – aber glatt und langweilig. Das wollte ich ändern. Ich beschloss in ein Land zu gehen, dessen Kultur mir möglichst fremd war: Japan. Von Deutschland aus suchte ich dort nach einem Job, doch es passierte lange nichts. Eines Tages rief eine Frau von einem japanischen Arbeitsvermittlungsbüro in Sapporo an und bot mir eine Stelle an. Sie hat ein fürchterliches Englisch gesprochen. Ich sagte zu.

Schon am ersten Abend in Kushiro – die kälteste Stadt Japans mit, ich glaube, höchstens zwei Sonnentagen im Jahr – wollte ich zurück. Ich war in einem Hotel untergebracht, das so groß war wie meine Garage in Deutschland, und ich musste mein Schuhschachtel-Zimmer mit immer neuen Gästen teilen. Dann kam es noch schlimmer: Ich sollte in einer Spielzeugfabrik als Teamleiter arbeiten. Ich hatte bis dahin noch nie wirklich ein Team geleitet – und schon gar keines von japanischen Frauen. Ich wollte mich nicht blamieren.

Als erstes reduzierte ich mein Gepäck auf das Notwendigste, und ich sprach mit meinen Zimmernachbarn, statt sie als Störung anzusehen. Ich habe dann die Teamleitung übernommen, na ja, ehrlich gesagt habe ich die Frauen wohl vor allem bei ihrer Arbeit nicht gestört und keinen Schaden angerichtet. *(Die Versammelten lachen.)* Einige Wochen später habe ich die Frau aus dem Vermittlungsbüro in Sapporo besucht, um mich über ihr Englisch zu beschweren. Zwei Monate später waren wir verheiratet." *(Er macht eine Pause und sieht einzelne Teammitglieder an.)* „Ich wünsche mir bei unserer Zusammenarbeit die Fokussierung auf das Wesentliche und – lassen Sie uns in schwierigen Phasen nicht aus dem Weg gehen.

Ich würde gerne jeden einzelnen von Ihnen kennenlernen. Ich habe bei wöchentlichen Meetings in Kushiro etwas sehr Schönes erlebt. Die Mitarbeiterinnen haben sich gegenseitig berichtet, was Sie am Verhalten ihrer Teamkollegin unterstützend fanden. Stellen Sie mir doch jetzt bitte ihren Sitznachbarn vor, und sagen Sie mir, was er oder sie besonders gut kann."

Das narrative Gedächtnis

Kehren wir noch einmal zu der Frage zurück, warum wir so gerne Geschichten hören und erzählen, ja, warum wir sie geradezu brauchen. Eine Antwort darauf gibt uns die Psychologie. Psychologen sprechen von zwei Arten von Gedächtnis, die uns zur Verfügung stehen:

- ein analytisches Gedächtnis, das zuständig ist für das Planen und Argumentieren, und

- ein biografisches Gedächtnis, das oft als narratives Gedächtnis bezeichnet wird, und das unsere Erlebnisse zu einer Geschichte fügt und emotional einordnet.

Das narrative Gedächtnis schaltet sich ein, wenn wir Entscheidungen treffen müssen. Denn unser analytisches Gedächtnis ist völlig ausgelastet damit, unsere sogenannten intuitiven Entscheidungen im Nachhinein zu begründen und zu rechtfertigen. So intuitiv freilich sind unsere Entscheidungen letztlich gar nicht, immerhin speisen sie sich aus der Gesamtheit unserer im narrativen Gedächtnis gespeicherten Erfahrungen. Diese Erfahrungen oder sogenannten Faustregeln sind es also, die uns lenken (mehr darüber erfahren Sie

bei Gerd Gigerenzer, siehe das Kapitel „Literatur"). Das ana-
lytische Gedächtnis übernimmt lediglich „den ganzen Papier-
kram" und liefert eine auf Zahlen, Daten, Fakten und Nutzen
basierte Rechtfertigung unserer Bauch- oder, vielleicht rich-
tiger, „Erfahrungsentscheidung".

Das narrative Gedächtnis sorgt dafür, dass wir Situationen als
bedrohlich empfinden oder nicht, als stressig, langweilig, angenehm oder irritierend. Die dort gespeicherten Handlungsmuster (Erzählmuster) bestimmen die Wahrnehmung unserer
Realität. Sie werden zu hilfreichen oder lästigen Routinen und
je nach Bedarf verifiziert, auf ihre Tauglichkeit hin überprüft
und gegebenenfalls aktualisiert.

Erzählmuster

Es gibt Handlungs- oder Erzählmuster, die geradezu universell
sind. Sie gleichen sich auf erstaunliche Weise, unabhängig
von individuellen Merkmalen, Kulturepochen und geografi-
scher Herkunft. Der Psychologe Carl Gustav Jung ist davon
ausgegangen, dass es ein gemeinsames Unterbewusstsein
gibt, aus dem alle Menschen schöpfen. Solche Muster, wie
z. B. „Die Heldenreise", „Der Kampf gegen das Böse", „Flucht
aus der Gefangenschaft", sind uralt. Jung nannte sie Archetypen. Der Psychotherapeut Eric Berne stellte fest, dass manche der menschlichen Interaktionen zwanghaft nach einem
bestimmten Erzählmuster ablaufen, wie z. B. „Täter-Opfer-
Retter Modell", „Mir-sind-die-Hände-gebunden" oder „Du-
bist-daran-schuld-dass- aus-mir-nichts-geworden- ist", und
nannte sie „Spiele der Erwachsenen".

Unser narratives Gedächtnis, die Archetypen von Jung und die Spiele der Erwachsenen von Berne weisen darauf hin, dass unsere Entscheidungen und Interaktionen nicht auf sachlicher und rationaler Ebene getroffen werden, auch wenn wir uns um Objektivität bemühen, sondern auf einem Zusammenspiel zwischen analytischem und narrativem Gedächtnis beruhen. Geht es aber um lebenswichtige Entscheidungen, greifen wir auf emotional geprägte Erzählstrukturen zurück. Sie helfen uns, uns in der Wirklichkeit zu orientieren. Radikal behauptet: Wir erzählen uns selbst und in der Interaktion mit anderen andauernd unser Leben, dabei wird diese Erzählung von archaischen und von neuen Erzählmustern beeinflusst.

Unser Gehirn ist eine Mediathek

Begegnen wir einem fremden Menschen oder einer neuen Situation, fügt nach den Erkenntnissen der Neurowissenschaften unser Gehirn im biografischen Gedächtnis ein Erzählmuster zusammen. Es legt die Blaupause aus vergangenen Erfahrungen auf die neue Begegnung und gleicht die Erzählmuster ab. Unser Gehirn greift aus den Schubladen der gespeicherten Erfahrungen einen Film heraus und spult ihn ab. Reaktionsklischees entstehen, standardisierte Routinen, die den Vorteil haben, eine Situation schnell erfassen und reagieren zu können. Diese Reaktionen sind emotional gefärbt und projizieren mögliche Abläufe in die Zukunft. Wir erhoffen oder erwarten bestimmte Handlungsabläufe. Unsere Prognosen werden dann in der Interaktion bestätigt, korrigiert oder enttäuscht.

Beispiel:

> Das Theaterstück „Die Stunde da wir nichts voneinander wuss-
> ten" von Peter Handke veranschaulicht, wie unser Gehirn Infor-
> mationen verarbeitet und deutet. Es ist ein Stück ohne Worte.
> Irgendwo auf einem Platz herrscht ein ständiges Kommen und
> Gehen. Menschen verweilen, begegnen einander, stehen sich im
> Weg und trennen sich. Nichts scheint von Bedeutung. Keine
> Namen, keine Lebensläufe, nur Männer, Frauen, Kleider, Gesten,
> Handlungen. Obwohl die Zuschauer also keine handfesten Infor-
> mationen bekommen, beginnen sie zu spekulieren, wer da agiert
> und wie er oder sie sich einem anderen gegenüber verhalten
> wird. Unwillkürlich fangen wir an, aus unseren Wahrnehmungen
> Geschichten zu spinnen und Zusammenhänge herzustellen.

Die Hirnforschung vergleicht unser Gehirn in seinen Fähigkeiten, die Welt zu vereinfachen und zu standardisieren, mit
einem erfolgreichen Songwriter, der ein so widersprüchliches
und komplexes Thema wie etwa die Liebe auf wenige Zeilen
reduziert: „Ich vermisse Dich", „Bleib bei mir", „Komm zurück".
Sein Funktionieren gleicht eher einer reichlich mit Erzähl-
werken bestückten Mediathek als einem Hochleistungscom-
puter. Unser Leben ist demnach mehr oder weniger stark von
Denk- und Verhaltensmustern geprägt. Oft sind das gegebene,
gelernte oder verhandelte Abläufe, die uns das Zusammen-
leben erleichtern sollen, wie z. B. Beziehungen zwischen „Gast
und Gastgeber", „Alt und Jung" oder „Arzt und Patient", „Chef
und Mitarbeiter". Es gibt aber viel komplexere und wider-
sprüchlichere Interaktionen, die diese Muster in Frage stellen,
verändern oder sprengen. Sie halten sich nicht an Verein-
barungen und folgen nicht immer unseren inneren oder mit
der Außenwelt ausgehandelten Rollen und Drehbüchern. Sie
bestehen aus vielschichtigen und widersprüchlichen Zusam-

menhängen, konfliktreichen Verstrickungen. Sie entziehen sich unserer Kontrolle, lassen sich nicht zähmen oder fernsteuern. Sie sind „das pure Leben".

> Unser Gehirn speichert wichtige Informationen als „emotionale Datenpakete" in narrativer Form ab. Bei der Einschätzung von neuen Situationen greift es auf die abgespeicherten Daten zurück, gleicht sie mit dem aktuellen Ablauf ab und spricht Handlungsempfehlungen aus.

Unser Gehirn ist ein großartiger Ursachen(er)finder und Sinngeber (lassen Sie sich mal von einem Fünfjährigen die Entstehung der Welt erklären, Sie werden staunen über seine kreative Logik). Es möchte uns und sich selbst in diesem Chaos nicht untergehen lassen, deshalb greift es zu Mustern, die Widersprüche reduzieren können. Der Volksmund hält für die komplexen Erzählmuster, die das pure Leben schreibt, einfache Titel bereit wie „Das Gute besiegt das Böse", „Liebe besiegt alles" oder „Jeder ist seines Glückes Schmied".

Aus Geschichten lernen

Jedes Mal, wenn wir einer Geschichte als Zuhörer oder Zuschauer folgen, hinterlässt das Prägungen in unserem Gehirn, Spuren in unserem emotionalen Gedächtnis. Wenn wir mit den Protagonisten mitfühlen und mitfiebern, geht das nicht spurlos an uns vorüber. Wir spielen gemeinsam mit ihnen Handlungsalternativen durch, werden überrascht, enttäuscht, bestätigt oder ermuntert, selbst ähnlich oder vollkommen anders zu agieren und reagieren.

Auch Erfahrungen anderer, die stellvertretenden Erfahrungen, machen uns reicher, solange wir mitfühlen wollen und können.

Unser Erfahrungsschatz wird ständig erweitert durch die Erfahrungen der anderen, der Eltern, Großeltern, Freunde, Feinde, Fremde. Gehört, gelesen, gesehen üben sie einen Einfluss auf unser Wahrnehmen, Denken, Fühlen und Handeln aus.

Daniel J. Siegel, Psychiater und Hirnforscher, stellte fest, dass die erzählten Handlungen, die wir emotional durchleben, eine sichtbare Auswirkung in der neuronalen Vernetzung unseres Gehirns haben. Erzählungen können Denk- und Verhaltensmuster prägen und neu gestalten. Diese Fähigkeit nennt er „narrative Integration".

Die Kraft der Identifikation

Wir alle kennen das: Wir bekommen bei einer spannenden Erzählung Gänsehaut, Herzklopfen, weinen echte Tränen, lachen laut. Wir werden von starken Protagonisten und überzeugenden Handlungen in den Bann gezogen, fiebern und fühlen mit.

Beispiel:

Ein junger König aus Kerala, eines Landstriches im Südwesten Indiens, ließ sich eines Tages zum ersten Mal das Ramayana erzählen. Als der talentierte Erzähler die Einzelheiten über die Entführung der Prinzessin Sitas durch den grausamen und verliebten Ravanna schilderte, war der König von der Geschichte so hingerissen, dass er sich plötzlich aufrichtete und befahl, seine Armee möge sofort zur Befreiung der Prinzessin aufbrechen.

Szenenwechsel: Ein Halloween-Abend im Jahre 1938. Die Ostküste der Vereinigten Staaten von Amerika. Eine Radiostation sendet „War of the Worlds", ein Hörspiel in der Regie von Orson Welles über die Landung von Außerirdischen. Die Reporter berichten aufgeregt vor Ort, interviewen verschreckte Zeugen. Man

> hört im Hintergrund Schüsse und seltsame Geräusche. Trotz der öfter wiederholten Entwarnungen während der Sendung, dass es sich bei den Reportagen um reine Fiktion handelt, löst die Sendung Massenpanik aus.

Die Reaktionen von König Kerala oder den Zuhörern der Sendung von Orson Welles mögen auf nüchtern denkende Menschen naiv wirken, haben sie doch eindeutig die virtuelle Realität mit der Wirklichkeit verwechselt. Aber dessen ungeachtet zeigen sie: Eine gute Erzählung vermittelt nicht nur Erfahrungen und stiftet Sinn, sie setzt auf starke Reize und löst damit emotionale Reaktionen aus. Für unser Gehirn ist das eine „emotionale Wirklichkeit".

Unser Gehirn ist, laut Joachim Bauer, einem der führenden deutschen Neurobiologen, auch eine Art „Simulator des Lebens": Die vom italienischen Neurophysiologen Giacomo Rizzolatti entdeckten Spiegelneuronen sind nicht nur für die Einschätzung von Handlungsabläufen und Empathie zuständig, sie ersparen uns auch so manche gefährliche oder schmerzhafte Lernerfahrung. Es genügt offenbar, sie als „hautnahe Simulation" zu erleben.

Die Spiegelneuronen sorgen dafür, dass wir auf Worte und Taten anderer in einer „erzählerischen Lebenssimulation" selbst reagieren, weil wir uns mit ihnen identifizieren können. Wir bauen eine emotionale Beziehung auf, die so stark ist, dass wir im Film oder in einer Erzählung den Blick abwenden, Ekel verspüren oder laut rufen wollen „Pass auf!" oder „Ach, komm ... jetzt ein Kuss!" Autonome Körperreaktionen wie schwitzen, zittern, vor Verlegenheit rot werden beim Bücherlesen, Filmschauen oder Computerspielen deuten darauf hin, dass ein virtuelles Erleben von Handlungsmustern nicht nur der Unterhaltung, sondern der Prägung, Bestätigung und Pflege unserer Emotionalität dient.

Beispiel:

 Amerikanische Soldaten, die von sicheren Orten aus unbemannte Kampfdrohnen steuern, weisen die gleichen posttraumatischen Störungen auf wie Piloten, die im Kampf vor Ort eingesetzt werden.

Niemand ist eine Insel

Wir können die Erfahrungen anderer emotional miterleben. Das verschafft uns das Gefühl der Zugehörigkeit und Solidarität. An Erfahrungen anderer teilhaben zu können, stillt unsere Wissbegier, macht Mut, spendet Zuversicht und ermöglicht je nach Qualität und Echtheit der Geschichte eine Begegnung ohne Waffen, einen echten Dialog frei von Hinterlist und Statusspielen. Damit steht uns ein unendlicher Erfahrungsschatz offen.

Schritt für Schritt an Erfahrungen anderer teilhaben
1. Erfahrungen anderer aufnehmen: Was hast du erlebt, wie hast du dich verhalten?
2. Nachvollziehen der Motive: Was war deine Absicht, dein Ziel? Warum hast du so reagiert?
3. Einsichten ableiten: Was sind meine Konsequenzen daraus?

Ursprünge der Erzählkunst

Das Geschichtenerzählen gab es schon, lange bevor uns Psychologie und Neurowissenschaften über seine Wirkung aufklären konnten. Auch ohne Wissen über ein narratives Gedächtnis, narrative Integration oder die Entdeckung der Spiegelneuronen entfaltete das Geschichtenerzählen seine Kraft und beeinflusste die Menschen.

Erfahrungsaustausch und Sinnstiftung

Menschen lernen durch Nachahmung viel schneller und präziser als alle anderen irdische Geschöpfe. Sie können nicht nur Handlungen , die sie unmittelbar erleben, nachahmen, sondern lernen dank ihres Vorstellungsvermögens und der Fähigkeit zu reflektieren auch aus Erlebnisberichten. Als Zuhörer sind wir begierig darauf, wichtige Details zu erfahren und sie mit dem eigenen Erfahrungsschatz zu vergleichen. Die Erzählkunst entwickelte sich, weil die Erzählenden diesem Bedürfnis nachkommen wollten, ohne zu langweilen. Sie entwickelten erzählerische Strategien, um ihren Geschichten Glaubwürdigkeit zu verleihen. Sie nannten überprüfbare Details, versuchten aber auch ihrer Erzählung Einzigartigkeit zu verleihen und Spannung zu erzeugen. Sie schmückten aus, übertrieben, ließen weg. Sie spielten die Situation und die Beteiligten nach. Von Beginn an also teilten Erzähler ihre Erfahrungen mit und ernteten dafür aufmerksame Blicke und lachende Gesichter, anerkennendes Kopfnicken oder eine tröstende Berührung.

Leben im Mythos

Geschichtenerzählen diente nicht nur der Unterhaltung oder dem Erfahrungsaustausch. In Form von Mythen erklärten Erzählungen den Menschen ihre Herkunft und den Sinn ihrer Existenz. Schöpfungsmythen schilderten die Entstehung der Welt, Erlösungsmythen berichteten von Opfertaten der Götter für die Menschen. Mythen brachten Ordnung in das Chaos des Lebens. Sie halfen Leid, Krankheiten, Naturkatastrophen und Tod einzuordnen und boten Antwort. Der Ausfall der Ernte und Jagdmisserfolge konnten damit ebenso wie Elternglück und ökonomischer Erfolg in einen Sinnzusammenhang gestellt werden.

Der berühmte Religionswissenschaftler Mircea Eliade spricht vom archaischen Menschen im Unterschied zum heutigen „historischen Menschen". Für den archaischen Menschen, der sich im Kreislauf der göttlichen Natur eingebunden sah, war jede lebenswichtige Tätigkeit – Nahrungssuche, Zeugung, Kampf – die Nachahmung einer göttlichen oder heroischen Tat.

Beispiel:

 Das Fischen war für den archaischen Menschen kein trivialer Job, sondern heilig. Mit der Genauigkeit des Fischfangrituals erklärte sich der Fischer den Erfolg eines Fangs, Misserfolg war das Ergebnis eigenen Fehlverhaltens oder die Intervention einer fremden und bösen Macht.

Für jede lebenswichtige Angelegenheit gab es eine aufklärende Erzählung. Die Sammlungen archaischer Mythen, wie das Gilgamesch-Epos, ägyptische oder griechische Mythologien, werden von uns historischen Menschen, die die Wirklichkeit linear wahrnehmen und nicht als Kreislauf der Natur, als Sammlung alter Geschichten angesehen. Sie haben keinen religiösen Charakter mehr. Die Geschichten aus der Bibel oder dem Koran werden noch heute von Millionen von Menschen nicht nur als narrative Kunst wahrgenommen, sondern als göttliche Überlieferung angesehen. Auch wenn wir heute in einer laizistischen Gesellschaft leben, die streng zwischen Kirche und Staat trennt, beeinflussen die biblischen und antiken Erzählungen den kulturellen Hintergrund unserer Zivilisation. Sie haben durch Bilder, Symbole und Erzählmuster eine große Wirkung auf unsere Werte, Denk- und Verhaltensmuster.

Psychologie und Revolte

Im antiken Griechenland ging das Theater, das sowohl philosophische, politische-religiöse als auch soziale Themen behandelte, eine bemerkenswerte Allianz mit der Medizin ein. Die erschütternde Wirkung der Schicksale von König Ödipus, Orestes oder Antigone verfolgte einen therapeutischen Zweck: Die mitfühlende Identifikation mit den Protagonisten sollte zur „Katharsis" führen, einer inneren Reinigung.

In der Neuzeit widmen sich Literatur, Musik und Theater zunehmend der menschlichen Psychologie. Shakespeare etwa ist – wie vor ihm schon Sophokles und Homer und nach ihm Tolstoi und Dostojewski – ein aufmerksamer Beobachter und Menschenkenner, der die Ur-Themen des Lebens wie Macht, Rache oder Liebe in konfliktreiche Handlungen packt. Feinfühlige Gemüter erleben bei der Lektüre der Romane der Geschwister Brontë emotionale Zusammenbrüche. Empfindsame Leser folgen dem jungen Werther – einer rein literarischen Figur – zumindest gedanklich in den Selbstmord.

Den philosophisch-religiösen oder wissenschaftlichen Werken von Aristoteles, Luther, Galileo oder Darwin wird in verschiedenen historischen Epochen Gefährlichkeit unterstellt. Literatur prangert soziale Missstände an und stößt Veränderungen an. Denken Sie etwa an die Romane von Dickens wie „Oliver Twist", „Les Misérables" von Victor Hugo oder „Germinal" von Émile Zola, die das soziale Gewissen der westlichen Gesellschaften erschüttern. Erzähler entwerfen Fortschrittsvisionen oder warnen vor der menschlichen Hybris. Werke wie „Archipel Gulag" oder „Doktor Schiwago" enthüllen die Lügen eines verbrecherischen Regimes.

Geschichten und Wirtschaft

Heute produziert Hollywood unsere Träume, ihre Erfüllung und ihr Scheitern. Marketing und Werbung bedienen sich der Kraft des guten Erzählens. Videoclips verändern mit stark narrativen Formen die Musikbranche. YouTube, Chats, Blogs und TED-Konferenzen bieten im Internet eine breite Bühne für die Kultur des Erzählens. Unternehmen und Institutionen setzen narrative Methoden, etwa Theater, bei der Personalentwicklung ein oder um Veränderungsprozesse zu gestalten. Die Computerspielbranche, bietet Spielern eine interaktive Teilnahme und Einfluss auf die Erzählhandlung. Die urmenschliche Lust am Erzählen ist unsterblich, sie wechselt nur im Verlauf der Jahrhunderte ihre Stilmittel und Medien.

Storytelling – was ist das?

Gelungene oder misslungene Jagd, ein merkwürdiger Zufall, ein tragisches oder erfreuliches Erlebnis: Es ist immer irgendwo etwas passiert, worüber berichtet wurde. Doch wie wird aus einem Ereignis eine gute Geschichte?

Zusammenhänge herstellen

Eine gute Geschichte ist nicht bloß ein Bericht über ein Ereignis. „Der König stirbt und dann stirbt die Königin", ist eine Nachricht oder ein Chronikeintrag, aber sie ist noch keine Geschichte. Erst Ursachen und Folgen machen ein Ereignis erzählenswert. „Der König stirbt und aus Trauer um ihn stirbt wenig später die Königin." Eine gute Geschichte beleuchtet also Zusammenhänge und stiftet damit Sinn.

> Das Prinzip von Ursache und Wirkung, das zwischen Ereignissen Zusammenhänge sucht und findet, bedeutet Sinn zu vermitteln, das Unbegreifliche begreifbar zu machen, das Unerklärliche zu erklären.

Wie wird aus einer Begebenheit eine Geschichte? Stellen Sie sich vor: ein bescheidenes Dorf am Rande eines Regenwaldes. Eines Tages geht ein kleiner Junge verloren. Was genau und wie es passiert ist, weiß niemand. Die Suchaktion verläuft erfolglos. Es ist ein schmerzhaftes Ereignis, tragisch und unverständlich. Menschen brauchen aber eine sinngebende Geschichte. Also suchen sie nach Ursachen, Erklärungen, dem Sinn ihres Leidens und nach Trost.

- Der Junge ist in den nahen Regenwald gegangen, weil seine Freunde ihn für einen Angsthasen gehalten haben und er seinen Mut beweisen wollte.

- Oder: Er ging in den Wald, weil er seinem Vater auf die Jagd nach einem Tiger folgen wollte, der die Gegend in Angst versetzt.

- Oder: Die Mutter hat den Jungen ausgesetzt, weil sie von einer schlimmen Prophezeiung gehört hat.

Einige Jahre später versetzt eine Nachricht die kleine Gemeinschaft in Aufruhr. Ein Mann verirrte sich im Wald und sah den Jungen auf einem Tiger reiten. Einige lachen, denn der Mann ist ein ortsbekannter Säufer. Doch andere glauben ihm. Der Tiger hat seit dem Verschwinden des Kindes das Dorf nicht mehr angegriffen. Die Mutter des kleinen Jungen geht in den Wald und sucht nach ihm. Zuerst ergebnislos, aber eines Tages findet sie ihn schlafend zwischen den Pranken eines Tigerweibchens. Die Tigerin hat ihr Kleines verloren und den Jungen adoptiert. Diese Erzählung ist einem chinesischen Märchen nachempfunden. Sie liefert einen Grund für das Verschwinden des Kindes und bietet eine tröstende Auflösung. Kurz: Sie gibt dem ursprünglich unerklärlichen Ereignis die Struktur von Ursache und Wirkung. Die Geschichte variiert ein altes Erzählmuster, das die Verbindung zwischen Mensch und Natur beschwört. Auch die mythologischen Gründer von Rom – Romulus und Remus – wurden von ihren Eltern ausgesetzt und sind von einer Wölfin gestillt worden. Wenn Sie Ähnlichkeiten mit dem „Dschungelbuch" oder „Tarzan" wiedererkennen, liegen Sie richtig.

Storytelling ist Erzählkunst

Storytelling bedeutet nicht, einen Vortrag mit einer Anekdote oder mit einem Vergleich zu schmücken. Gerüchte und lustige Beiträge über Ereignisse beim letzten Betriebsausflug sind mit Storytelling auch nicht gemeint. Ebenso wenig ist es Storytelling, wenn uns unser Gegenüber mit exhibitionistischen Beichten belästigt oder mit Dauergeplapper anödet. Denn Storytelling dient nicht der Belustigung um jeden Preis oder der Ablenkung vom Wesentlichen. Es ist keine One-Man (Woman)-Show, die sich in aller Öffentlichkeit an sich selbst berauscht und nach billigem Beifall heischt. Die mit medialem Einsatz eines Smartphones begleiteten Berichte aus dem Urlaub oder süßen Tolpatschigkeiten des Nachwuchses stellen noch keine spannenden Storys dar. Ebenso wenig wie das Posten oder Twittern von Ereignissen wie „Wieder Meeting mit Dieter, gäähn, habe mir Espresso drübergeschüttet, um rauszugehn" oder „Rase mit Vollgas nach Budapest, die Mädels sind scharf … es wird der Kundenevent des Jahres!", mit Storytelling zu tun hat.

Storytelling ist eine narrative Kunst. Wie jede Kunst findet es immer in einem kulturellen Kontext statt (Stamm, Nationalität, Sprache, Institution oder z. B. Unternehmen). Es interpretiert und verwertet von der kulturellen Tradition überlieferte Erzählmuster, beobachtet Veränderungen in der Gegenwart und spiegelt das Beobachtete in neuen Erzählmustern wider.

> In der Erzählkunst läuft unser reflektierender Geist zu Hochform auf. Er gibt der Widersprüchlichkeit unseres Denkens, Fühlens und Handelns die Form einer erzählerischen Struktur.

Storytelling ist

- **eine Überlebenstechnik:** Es ist eine uralte menschliche Fähigkeit, die Komplexität der Welt zu reduzieren.

- **ein Reflexions- und Analyseinstrument:** Es ist die Kunst, aus Ereignissen einen Erfahrungsschatz zu machen und ihn in Zusammenhang mit allgemeinen Erfahrungsmustern zu stellen.

- **ein wirkungsvolles Kommunikationsinstrument:** Eigene oder fremde Erfahrungen werden mit Hilfe von Erzählmustern so spannend und überzeugend weitergegeben, dass andere sie nachempfinden können.

- **die Kunst des Timings:** Es ist die Kunst, die passende Geschichte im richtigen Moment anzuwenden.

- **Storyhunting:** Wie Trüffelschweine nach dem kostbaren Pilz und Kriminalkommissare nach dem Motiv eines Verbrechens, so suchen Storyteller nach Ereignissen und machen erzählenswerte Geschichten daraus.

Storytelling stärkt die Fähigkeit, hinter Klischees zu schauen. Es ist eine Schule der Empathie, denn es erzeugt Verständnis für Denk- und Handlungsmuster anderer und ermöglicht so echte Begegnungen. Über das Erzählen von Geschichten entsteht Zusammengehörigkeit und Solidarität. Sie können nicht nur das Verhalten Ihres Gegenübers besser einordnen, sondern auch Ihre eigenen Reaktionen besser verstehen. Auch Aufmerksamkeit und Neugier werden geschult, die Wahrnehmung gestärkt und auf diese Weise unser Wissensdurst geweckt, aber auch gestillt. Es ist die Kunst, sich selbst und anderen gute Fragen zu stellen. Wenn Sie rechtzeitig erkennen, was für ein „Film" gerade abläuft oder welches „Spiel" gespielt wird, können Sie, wenn es nötig ist, den weiteren Verlauf beeinflussen.

> Das Erkennen und Anwenden der Erzählmuster kann also nicht nur einen guten Geschichtenerzähler aus uns machen, sondern unterstützt auch Menschen, Teams und Unternehmen in ihrer Entwicklung.

Gleichzeitig wirkt Storytelling als eine Art Sinnstiftungsinstrument; man denke nur an die Funktion von Mythen. Es hilft, uns, uns in der Welt zurechtzufinden und Entscheidungen zu treffen. Es ermutigt, inspiriert und motiviert, erschüttert, erschreckt und tröstet.

Auf einen Blick: Unheimliche Macht der Geschichte

- In jeder Biografie schlummern Vorlagen für bewegende Geschichten. Sie helfen uns, schwierige Situationen besser zu überstehen und Menschen für uns zu gewinnen.

- Erzählenswerte Geschichten finden Sie, indem Sie gezielt nach Erlebnissen in Ihrem Leben suchen, die Parallelen zu aktuellen Problemen aufweisen.

- Mit Hilfe des analytischen Gedächtnisses argumentieren und planen wir; das biografische oder narrative Gedächtnis fügt unsere Erlebnisse zu einer Geschichte und steuert unsere Entscheidungen.

- Erfahrungen müssen wir nicht selbst machen. Menschen können von den Erfahrungen anderer profitieren, sobald sie sich mit den Personen identifizieren, von denen erzählt wird.

- Geschichten versuchen die Ursache und Wirkung von Ereignissen zu klären und stiften auf diese Weise Sinn.

- Storytelling ist die Kunst, Erfahrungen in einen allgemeinen Kontext zu stellen und so weiterzugeben, dass andere sie nachempfinden können.

Marketing – Kunden gewinnen

Trotz der vielen irrationalen Erfahrungen der Menschheit – Apartheid, Glaubenskriege, ökologische Katastrophen oder Wahlverbot für Frauen im Appenzell – hat sich bis etwa 1995 auch in der Gehirnforschung hartnäckig die Annahme gehalten, der Mensch sei ein vernünftiges Wesen. Doch als die Wirkung von Stammhirn und limbischem System auf die Entscheidungsfindung erforscht wurde, zeigte sich, dass sogar Rationalität eine Emotion ist: das Bedürfnis nach Kontrolle.

Die Erkenntnis, dass unser Konsumverhalten von einem Angst- und Belohnungssystem, von Jagd- und Sammelinstinkten, dem Spiel- und Sexualtrieb beeinflusst wird, führte zu einer Revolution im Nachdenken über unser Kaufverhalten. Das Neuromarketing war geboren, eine Disziplin, die Erkenntnisse über das limbische System für die Markt- und Kundensteuerung nutzt. Das Wissen über die Wirkung sinnlicher Erlebnisse, Bilder und Emotionen gipfelt in dem schlichten, aber zutreffenden Spruch: „No emotions – no money." Produkte, Dienstleistungen oder Unternehmen kommunizieren mit ihren Kunden auf emotionaler Ebene. Es geht nicht nur um den Bedarf, es geht um Bedürfnisse.

Erzählmuster sind großes Kino für das limbische System. Wie ein trojanisches Pferd schmuggeln Erzählungen emotional geladene Inhalte ein. Richtig platziert und in Form gebracht, stimulieren sie unsere Belohnungssysteme, etwa das Bedürfnis nach Dominanz, nach Thrill, Genuss oder Disziplin, und verstärken damit die emotionale Bindung an die Marke, das Produkt oder die Dienstleistung. Ein Gründungsmythos, die Entwicklungsgeschichte eines Produktes oder Best-Practice-Beispiele aus dem Kundenservice bedienen sich eines erzählerischen Musters und graben sich tief in das Bewusstsein von Kunden, Mitarbeitern und der Konkurrenz ein. Starke Marken knüpfen bewusst an den emotionalen Erfahrungsschatz eines Menschen an.

Beispiel:

 Der Mythos einer Marke ist immer eine erzählenswerte Geschichte. Denken Sie etwa an die Firma HiPP, bei der der großväterlich-gütig wirkende Firmenpatriarch für nachhaltigen Umgang mit der Natur wirbt und unser Fürsorge- und Bindungsbedürfnis anspricht.

Hinter jeder starken Marke – ob IKEA, BMW, Coca Cola oder Jack Wolfskin – steckt eine Geschichte, die gezielt Gefühle in uns weckt. Oder wurden gar umgekehrt diese Marken stark, weil sie solche Geschichten erzählten? Eines steht fest: die Inszenierung von Marken erfolgt über die Wahl entsprechender Erzählmuster. Der Mythos vieler Kleider- oder Getränkemarken ist stark mit der Zeit des Erwachsenwerdens verbunden. Den Mythos der ewigen Jugend nutzen Unternehmen der Kosmetik, Wellness- und Schönheitsindustrie, das Streben nach Genusserlebnissen setzen nicht nur Hotelketten oder Lebensmittelproduzenten ein, sondern auch Autohersteller oder Fluglinien.

Werber, Eventmanager und Life-Kommunikations-Experten beschäftigen sich heute deshalb auch mit strategischen Dramaturgien zur Inszenierung kommerzieller Themen. In Erlebnisparks, wie LEGOLAND, oder Produktwelten, wie der VW-

Autostadt, setzen sie Marken und Produkte in Erzählmuster um – sogenannte Brandstorys. Themenevents versuchen, durch das multimediale Erleben einer Brandstory den Kunden intensiv und dauerhaft an eine Marke zu binden. Das spielerische Annehmen von Rollen in einer inszenierten Erzählwelt entwickelt sich zu einem der beliebtesten Freizeitvergnügen der westlichen Gesellschaft. Die interaktive Teilnahme an der Inszenierung von Phantasie-Welten, wie z.B. in „Live-Play-Spielen", befriedigt auf der einen Seite ein spielerisches Bedürfnis und ermöglicht auf der anderen die Entstehung und das Wachstum neuer Märkte.

Präsentieren – überzeugen und begeistern

Trockene Fakten oder nackte Zahlen können sicherlich starke Emotionen erzeugen: Wut bei den Opfern von Investmentbankern oder unbändige Freude bei Lottogewinnern. Ein Vortrag, der motivieren und überzeugen soll, muss auch so wirken. Ein trockener Bericht kann das manchmal leisten, aber nicht zwangsläufig. Jeder von uns, der schon einmal eine Präsentation erlebt hat, weiß, dass eine bloße Aneinanderreihung von Daten und Argumenten keinesfalls genügt, uns auf einer mentalen und emotionalen Ebene in Bewegung zu bringen. In einer Welt, in der die Präsentation eines Smartphones in einer kalifornischen Kleinstadt weltweit Millionen Fans mobilisiert, in der Wissenschaftler auf TED-Konferenzen ihre schwer verständlichen Theorien in emotions- und bilder reiche Vorträge verwandeln, ist die Entscheidung eines Präsentierenden, nur auf der sachlichen Ebene zu kommunizieren, entweder naiv oder ein rebellisches Statement.

Das Publikum fesseln

Eine gelungene Präsentation basiert vor allem auf der Beziehungsebene. Ein guter Redner weiß sein Publikum zu fesseln, indem er die Inhalte seines Vortrags in eine spannende Dramaturgie gießt und durch seine authentische Präsenz unterstützt.

Präsentationen sind Storytelling in reinster Form und ein Bühnenauftritt noch dazu, ob uns das gefällt oder nicht. Eine Präsentation ist eine typische Geschichtenerzähler-Situation: Einer tritt vor einer Gruppe auf, weil er etwas zu erzählen hat oder erzählen muss. Redet er unstrukturiertes Zeug daher, langweilt er mit unnötigen Details oder scheut er eine klare innere Haltung, wird er ignoriert, unterbrochen oder mit Fragen in die Enge getrieben. Die Kunst des Storytelling bietet bei einer Präsentation Unterstützung an als:

- rhetorisches Stilmittel,
- dramaturgische Struktur,
- Selbstwirksamkeitsverstärker.

Eine passende Geschichte, ob eine eigene oder fremde, ob zu Anfang der Präsentation, um das Eis zu brechen, oder später, um einen Sachverhalt oder eine Idee zu veranschaulichen, nehmen die Zuhörer immer dankend entgegen. Eine passende Erzählung regt die Phantasie an, weckt Assoziationen und bietet Orientierung. Sie konkretisiert das Anliegen und schärft das Profil des Redners. Sie ist das Bindeglied zwischen Ihnen und Ihrem Publikum, sie ermöglicht einen persönlichen Kontakt, eine Identifikation mit Ihrer Perspektive und erzeugt dadurch eine lang anhaltende Wirkung.

Storytelling bietet klar erkennbare Erzählgrundmuster an für die dramaturgische Struktur. Sie können einen Vortrag bewusst auf einem oder mehreren Erzählgrundmustern wie „Abenteuer", „Rebellion" oder „Heldenreise" aufbauen (siehe dazu das Kapitel „Der Weg zur guten Geschichte"). Die Grundmuster ordnen nicht nur den Vortrag, sondern erzeugen Spannung und emotionale Beteiligung. Sehen Sie sich als Beispiele dafür die Rede „I have a dream" von Martin Luther King an oder den Auftritt der Hirnforscherin Jill Bolte Taylor bei der TED-Konferenz (www.ted.com/talks/jill_bolte_taylor_s_powerful_stroke_of_insight.html).

Souveränität gewinnen

Wenn Sie eine gute Geschichte erzählen, hat das nicht nur Einfluss auf das Publikum. Es wirkt auch auf Sie selbst zurück und hat einen positiven Einfluss auf Ihre Performance. Denn eine gute Geschichte ist ein Selbstwirksamkeitsverstärker, ein treuer Verbündeter bei Ihrem Auftritt.

Wenn Sie besonders großes Lampenfieber oder Leistungsdruck beim Präsentieren empfinden, bewirkt das Erzählen von konkreten Ereignissen die Konzentration auf das Wesentliche. Das lenkt von Versagensängsten ab. Beim Erzählen wiederholt sich hier und jetzt Ihr Erlebnis und wird sinnlich erfahrbar. Emotionen werden aktiviert, was bewirkt, dass Sie sich plötzlich gar keine Gedanken mehr um Ihre Wirkung machen, sondern einfach nur so gut wie möglich Ihre Geschichte weitergeben wollen. Die Geschichte zieht Sie in ihren Bann, nimmt Sie mit und Sie surfen auf der Welle der erzählten Ereignisse. Ihr Körperausdruck wird automatisch souverän; Sie wirken authentisch und überzeugend.

Coaching – innehalten, um handlungsfähig zu bleiben

Soll ich die Abteilung wechseln, ins Ausland gehen oder doch noch versuchen ein klärendes Gespräch mit dem Chef zu führen? Welche Herausforderungen soll ich annehmen, kann ich das Erreichte dann auch genießen? Was sind meine Glaubenssätze, Motive, Stärken? Wo will ich hin? Ein Einzelcoaching ist eine Möglichkeit, mit Hilfe eines Sparringspartners mit sich selbst ins Gespräch zu kommen. Coaching bedeutet, die eigenen Talente, verschütteten Träume und Sehnsüchte aufzudecken. Das kann eine erschütternde, aber auch höchst beglückende Arbeit sein.

Storytelling als Coaching-Technik hilft, je nach Anliegen und Problemstellung, eigene Handlungsmuster und Lebensdrehbücher zu identifizieren und so Veränderungen einzuleiten. Das mentale, körperliche und emotionale Durchspielen alter und neuer Szenarien kann unerwartete Handlungsalternativen aufzeigen. Aus einer „Heldenreise" zu sich selbst bringt man oft erstaunliche Selbsterkenntnisse mit, vor allem auch die

Wertschätzung des Selbstverständlichen, Verdrängten oder Unterschätzten. Storytelling-Methoden, wie etwa das Annehmen der verschiedenen Erzählperspektiven, ein wertschätzendes Interview mit sich selbst, die Darstellung eines „Inneren Teams" oder ein spielerisches Ausagieren verdrängter Persönlichkeitsanteile in einer virtuellen Umwelt, ermöglichen eine aufschlussreiche Innenschau. Sie helfen uns, Zukunftsszenarien zu simulieren, Handlungsansätze zu entwerfen und diese in geschütztem Rahmen auszuprobieren. Wenn Sie Lust auf einen Selbstversuch haben, probieren Sie die Reflexionstechnik der Heldenreise im Selbstcoaching aus (siehe das Übungskapitel am Ende des Buches).

Selbstmarketing – die anderen für sich gewinnen

Sind Menschen Marken? Menschen sind doch denkende, fühlende, eigensinnige und widersprüchliche Persönlichkeiten, Lebewesen und keine Produkte, Unternehmen oder Dienstleistungen. Doch warum sind andere sichtbarer und präsenter als ich? Warum können sich manche besser durchsetzen? Herkunft? Glück? Gene? Heute ist die Stärkung der persönlichen Kompetenzen wichtiger denn je. Der Arbeitsmarkt hat sich stark verändert, die geliebte Stelle für die nächsten 30 Jahre gibt es kaum noch. Gute Fachkenntnisse reichen nicht mehr aus, um die Herausforderungen zu meistern. Wer sich für neue und spannende Aufgaben empfehlen möchte, muss lernen, seine persönlichen Stärken zu entdecken und sie auf der Berufsbühne sichtbar zu machen. Nur so können Sie Ihr Profil schärfen. Und wenn Sie Ihre Werte und Ziele für sich klar definiert haben, wissen Sie nicht nur, in welche Richtung Sie steuern wollen, sondern können auch andere für die Erreichung Ihrer Ziele gewinnen.

> Ein starkes persönliches Profil ist kein marktschreierisches Getue, das attraktiv daherkommt, sich bald aber als eine um Originalität bemühte Fassade entpuppt. Vielmehr ist es der authentische Ausdruck der eigenen Fähigkeiten, Stärken und Werte, das selbstbewusste Präsentieren eines integren Charakters mit all seinen Schönheitsfehlern, Ecken und Kanten.

Hinter jeder unverkennbaren Persönlichkeit steht eine spannende Story. Wer in Erinnerung bleiben möchte, darf sein Licht nicht unter den Scheffel stellen, sondern muss Geschichten erzählen. Geschichten, die Menschen gerne hören und gerne weitererzählen. Welche Storys sind das? Es sind große und kleine persönliche Dramen, die tragisch beginnen und gut ausgehen, Geschichten über Menschen, die sich verändert haben, Menschen, die für ihre Träume und Ideale kämpfen, Menschen, die über sich hinausgewachsen sind und die aus ihren Fehlern gelernt haben.

Beispiel:

Sebastian Beck führt gerade ein Bewerbungsgespräch für den Posten des Chef-Designers bei einem Hersteller von Büromöbeln. Trotz guter Referenzen wird er aufgrund seines jungen Alters etwas misstrauisch beäugt. Auf die Frage nach seinen Stärken antwortet er:

„Ich bin hartnäckig. Ich habe meine Ausbildung als Siebdrucker in einem traditionellen Betrieb angefangen. Dort war ich der Jüngste. Mein Meister war einer von der Alten Schule, fachlich hervorragend aber oft schlecht gelaunt, schnauzte die Leute andauernd an. Eines Tages zerriss er in seiner Wut meinen Entwurf. Ich war überrascht, auch gekränkt, aber ich suchte das Gespräch mit ihm. Ich wollte respektvoll behandelt werden. Er regte sich auf, bezeichnete den Entwurf als ‚Misthaufen des Monats' und redete sich wie immer in Rage. Ich ließ mich nicht einschüchtern. Nach jeder Brüllorgie stand ich vor seiner Tür und bestand auf ein Gespräch mit ihm. Er beförderte mich nach einem Jahr und seine Wutausbrüche wurden seltener."

Auch in Ihrem Leben gibt es solche Geschichten. Suchen Sie danach und berichten Sie darüber. Sicherlich sind Sie Menschen begegnet, die Ihnen imponieren, vielleicht sind das sogar Ihre Chefs. Forschen Sie in Ihrem biografischen Gedächtnis nach, suchen Sie in Ihrer Vergangenheit nach Menschen und Orten, die Sie geprägt haben, und bringen Sie Ihre persönlichen Schätze und Stärken in Form von persönlichen Brandstorys ans Tageslicht (siehe das Übungskapitel am Ende des Buches).

Das narrative Management – eine Idee für die Zukunft

Ähnlich wie Familien, Sportvereine oder Zweckgemeinschaften, sind auch Unternehmen soziale Gruppen. Sie verfolgen ein Ziel, bestehen aus steuerbaren und überprüfbaren Daten, materiellen und immateriellen Werten, aus Gebäuden und Maschinenparks, Wissen und Erfahrung. Unternehmen werden von Menschen geführt, gestaltet und genutzt. Die verschiedensten Bedürfnisse, Motive und Entscheidungen ordnen sich einem gemeinsamen Zweck unter. Sie ergänzen sich, prallen aber auch aufeinander und geraten in Konflikt. Unterschiedliche Meinungen finden einen Konsens oder werden durch verliehene oder usurpierte Macht entschieden.

Unternehmen entwickeln wie alle Zweckgemeinschaften eine eigene Kultur. Es herrschen bestimmte Verhaltensregeln und Normen, Entscheidungsmuster und Führungsstile. Hierarchien werden bestimmt, Hackordnungen entstehen und vergehen. In dieser wohlorganisierten Welt agieren Menschen, die einerseits die Macht der Strukturen schätzen, sich andererseits nicht an Regeln und Prozessabläufe halten, sondern heimliche Regeln aufstellen. In den Kaffeeküchen und Betriebskantinen erzählen sie, nebst offiziellen Geschichten, ihre eigene Version der Wirklichkeit.

Narratives Management geht von der Tatsache aus, dass Menschen in Erzählstrukturen denken und handeln. Dass sie harte Fakten, Entscheidungen, Ereignisse eigenwillig interpretieren und mit Sinn unterfüttern. Dabei wird im offiziellen und inoffiziellen Erzählkanon eines Unternehmens nach typischen Merkmalen der Unternehmenskultur gesucht, z. B. über Führungsverständnis, Entscheidungsfindung, Umgang mit Veränderungen und Innovationen oder mit schwierigen Kunden oder Mitarbeitern. Die Analyse einer Unternehmenskultur, die man mit den Recherchen eines Storytellers vergleichen kann, bringt typische Verhaltens- und Kommunikationsstrategien ans Tageslicht, die einem „Unternehmens-Eingeborenen" so selbstverständlich sind, dass er sie nicht weiter reflektiert. Das kann verdeckte Werte genauso betreffen wie verborgene Kapazitäten und Erfahrungen, aber auch Unbequemes, Verdrängtes, Polarisierendes.

Wirkung von narrativem Management

Narratives Management rückt das Offensichtliche und das Verborgene in den Fokus der Aufmerksamkeit. Missstände, Rückschläge und Enttäuschungen werden ohne falsche Rücksichtnahme oder Scham genannt. Erzählmuster, die in einem Unternehmen vorherrschen, erklären auf sinnige und ungeschminkte Weise, warum vieles gelingt und manches scheitert. Wie wirklich kommuniziert wird, welches Ethos wirklich gelebt wird und welcher Selbstbetrug vorherrscht.

Ruth Seeliger bezeichnet die Veränderung in ihrem „Dschungelbuch der Führung", als eine Zuspitzung des Unerwarteten und Widersprüchlichen in einem Unternehmen. Narratives Management stellt eine Möglichkeit dar, die Herausforderungen, Prozesse und Dynamiken des Wandels gerade in diesen Zeiten zu verstehen und zu beeinflussen. Es bietet ein wertvolles Diagnoseinstrument und Techniken eines offenen und konstruktiven Dialogs an.

Für Veränderungen gewinnen

Heute werden Unternehmen mit lebenden Organismen verglichen und als komplexe und in sich widersprüchlich agierende Systeme verstanden, die mit verschiedensten Verhaltensstrategien ihr Überleben sichern. Veränderungen begegnet man dabei mit bewährten, oft aber nicht ausreichend reflektierten Handlungs- und Reaktionsmustern.

Ein Unternehmen trägt einen Erzählkanon mit sich, der z.B. neben formellen und informellen Regeln oder Beschreibungen, wie geführt wird oder Entscheidungen getroffen werden, wie Wissen gesammelt und weitergegeben wird, verschiedenste Perspektiven im Umgang mit dem Wandel und mit Unerwartetem zeigt. Es sind polarisierende, konfliktreiche Geschichten. Die einen machen Mut und vermitteln den Sinn einer Veränderung, manche warnen, führen abschreckende Beispiele aus der Vergangenheit oder bei der Konkurrenz vor und prophezeien das Scheitern. Ängste, Enttäuschungen und Hoffnungen finden in nachdenklicher oder auch ironischer oder sarkastischer Form ihren Ausdruck. Diese Interpretationen der Vergangenheit und Zukunftsentwürfe stellen sich angesichts des Unerwarteten ein. Es handelt sich dabei keineswegs um triviale Geschichten, die man als einen lästigen Flurfunk abwerten sollte, sondern um Geschichten, die den Kern der menschlichen Existenz ausmachen und zum Bewältigen von Veränderungen dienen.

> Narratives Management sichtet, hebt und analysiert den Erzählkanon im Unternehmen und wendet die Erzählmuster in Zeiten der Veränderung gezielt an, um die Vorgänge zu verstehen und zu bewältigen.

Eine Führungskraft – vorausgesetzt, sie steht hinter dem Wandel – kann im Angesicht einer Veränderung auch eigenen Konflikten und Widersprüchen aufmerksam begegnen und, wenn angebracht, vom eigenen Weg der Entscheidungsfindung berichten. Statt an ein entschlossenes Auftreten zu denken und nur „nüchtern und sachlich" Argumente für die Entscheidung zu liefern, kann sie eigene Hoffnungen, Ängste und Erwartungen preisgeben. Statt den Wendepunkt in der gemeinsamen Geschichte zu unterschätzen oder gar zu missachten, wird sie vor und am Wendepunkt der Veränderung, der im Storytelling als „Point of no Return" (siehe das nächste

Kapitel) bezeichnet wird, den Widerständen und Konflikten aufmerksam und respektvoll begegnen in dem Bewusstsein, dass der Umgang mit Veränderung ein konstituierendes und Sinn stiftendes Merkmal jeder (Unternehmens)Kultur ist.

Auf einen Blick: Wirkungsvoller Einsatz von Storytelling

- Unser Kaufverhalten wird stärker von unseren Bedürfnissen als vom bloßen Bedarf gesteuert. Geschichten von Produkten etablieren den Mythos einer Marke und beeinflussen unser Kaufverhalten.

- Eine bloße Aufzählung von Daten und Fakten kann kein Klima der Motivation und des Aufbruchs schaffen. Erst durch Storytelling erhalten Präsentationen einen sinnstiftenden Rahmen und können das Publikum fesseln.

- Storytelling als Coaching-Technik kann helfen, Handlungsmuster in der eigenen Biografie aufzuspüren und gegebenenfalls zu verändern.

- Wer in Erinnerung bleiben möchte, muss Geschichten erzählen. Storytelling ermöglicht Ihnen den authentischen Ausdruck der eigenen Fähigkeiten und Werte und Ihres Charakters mit all seinen Ecken und Kanten.

- Storytelling als Managementtechnik hilft nicht nur, die Herausforderungen von Veränderungen zu verstehen und positiv zu beeinflussen, sondern auch die Mitarbeiter dafür zu gewinnen.

Der Weg zur guten Geschichte

Gibt es eine Zauberformel für gute Geschichten? Nun, das vielleicht nicht gerade, aber es gibt etwas Ähnliches: eine Art Grundmuster der Erzählkunst.

In diesem Kapitel erfahren Sie,

- wie das klassische Erzählmuster der Heldenreise strukturiert ist,
- welche weiteren wichtigen Erzählmuster es gibt und
- wie Sie die verschiedenen Muster im beruflichen Kontext einsetzen können.

Der Klassiker: die Heldenreise

Joseph Campbell hat in seinem Buch „Der Heros in tausend Gestalten" auf ein universelles Erfahrungsmuster der Menschen hingewiesen: die Heldenreise. Das Buch hat George Lucas dazu inspiriert, die Handlung von „Star Wars" nach dem Muster der Heldenreise zu gestalten. Denken Sie an die Helden aus Märchen und Legenden, die eine schwierige Aufgabe zu erfüllen haben, einen Schatz oder ein Lebenselixier finden müssen und dabei Drachen oder Zauberer besiegen. Der Held verlässt die gewohnte Umgebung, erlebt unzählige Prüfungen und gelangt am Ende ans Ziel. Diese Struktur mit den entsprechenden typischen Erzählmustern finden Sie in „Gullivers Reisen", in „Robinson Crusoe" und in der „Geheimnisvollen Insel" von Jules Verne ebenso wie in der amerikanischen TV-Serie „Lost".

Wenn der Ruf des Abenteuers erklingt, traut sich der Held zuerst nicht, ihm zu folgen. Einerseits fasziniert ihn das Neue und Unbekannte, andererseits will er die gewohnte Welt nicht aufgeben. Wenn er sich aber schließlich auf den Weg gemacht, alle Gefahren und Prüfungen überstanden und die eigenen Schwächen besiegt hat, kommt er verändert zurück. Er ist nicht nur um die neuen Erfahrungen reicher geworden, er wird belohnt mit dem Glauben an seine Fähigkeiten und der Lust auf neue Abenteuer.

Die Struktur der Heldenreise

Die Heldenreise ist eine Art Metaerzählmuster, das all die anderen Erzählmuster, die wir in diesem Kapitel noch beleuchten werden, aufnehmen kann. Sie besteht aus ganz bestimmten Etappen und Figuren, die auch Sie nutzen können, um Ihre eigenen Geschichten erfolgreich zu strukturieren. Wer mit Storytelling erfolgreich sein will, muss diese Struktur und die Erzählmuster, die damit einhergehen, kennen. Die wichtigsten davon sehen wir uns in diesem Kapitel etwas genauer an.

> Erzählmuster sind uralte Lebensmuster-Archetypen, die nicht nur in Mythen oder Märchen zu finden sind, sondern auch in unserer Gegenwart. Sie setzen sich mit universellen menschlichen Erfahrungen auseinander, mit der Frage, wie wir mit Veränderungen und den Herausforderungen des Schicksals umzugehen haben.

Auftrag oder Ruf des Abenteuers

Der Held wird aufgefordert oder gezwungen etwas zu unternehmen: ein Bauerndorf vor dem Räuber zu beschützen, das Goldene Vlies zu holen oder ein Alien zu jagen. Manchmal wird er mit etwas Übermächtigem konfrontiert: Naturkatastrophen, Krieg oder Krankheit. Manchmal muss er Verantwortung übernehmen, etwa für ein verlassenes Kind. Er wird aufgefordert etwas zu tun oder zu unterlassen. Was auch immer im Einzelnen an ihn herangetragen wird und wie auch immer dies geschieht, auf jeden Fall bedeutet es, eine oder mehrere schwerwiegende Entscheidungen zu treffen, sich aus der gewohnten Welt zu lösen und die Konfrontation mit den

Folgen der Entscheidung zu wagen. Eine moderne Version davon finden Sie in der folgenden Handlung.

Beispiel:

Meeting der Regionalleiter der PRAX AG Elektronikgeräte. Thema: Status der neuen Vertriebsstrategie. Walter Kruse, Regionalleiter Nord, legt eine leere Kokosnuss auf den Tisch. Die Nuss hat eine kleine Öffnung.

„Diese Kokosnuss ist eine raffinierte Falle. Ich war letztes Jahr in Indonesien und habe gesehen, wie man damit Affen fängt. Keine schöne Angelegenheit. Die ausgehöhlte Nuss mit ein wenig Reis darin wird an einen Baum gebunden. Der Affe greift durch die schmale Öffnung hinein. Mit geschlossener Faust aber kann er die Hand durch die schmale Öffnung nicht mehr herausziehen. Das Tier ist gefangen.

Ich habe den Eindruck, dass wir gerade in der Affenfalle stecken. Vor einem Jahr haben wir beschlossen, mit unserer neuen Produktlinie in die Liga von „Bose" und „Harman Kardon" aufzusteigen, und das Marketing spielte super mit. Doch viele im Vertrieb sind skeptisch. Die Leute erinnern sich plötzlich an den Flop der Gamma-Serie, die mit einem großen Tamtam eingeführt und dann zu Dumpingpreisen im Großhandel und Internet verscherbelt wurde. Ich habe auch mit mir gehadert, und ich mache mir keine Illusionen, dass alles glatt läuft und jeder Hurra schreit. Doch wir sagten hier in der Runde ein klares Ja dazu. Und es gelang uns tatsächlich nach vielen mühsamen Gesprächen und teuren Incentives unseren Leuten klar zu machen, dass wir es diesmal ernst meinen und unsere Ware hochpreisig halten wollen. Ich weiß, wie viel Stehvermögen und Charme du brauchst, um einen Kunden von einer neuen Vertriebspolitik zu überzeugen. Ich setze viel aufs Spiel: die Loyalität des Kunden, meine Provision und Ärger aus der Zentrale, wenn ein großer Kunde zickt. Ihr erinnert euch: Kurz vor dem Vertriebs-Workshop im Frühling war nicht nur mir mulmig. Und was kam dann für eine schöne Danksagung für unser Mühen: Die Leute gaben uns ein klares „Ja". Allerdings unter einer Bedingung: Unsere Teamleiter halten zu uns und lassen uns vor dem Kunden gut aussehen. Es galt eine einfache Regel: Keine Extrawurst bei dem einen oder anderen Kunden. Dann zogen wir los und es lief zuerst große Klasse. Ich höre überall: „Wir mögen das neue Design, sind stolz auf die Marke, und die Kunden nehmen uns das auch ab." Und jetzt passiert in den einen oder anderen Regionen, was wir alle nicht wollten. Manche der Kunden üben Druck aus und der eine oder andere Teamleiter pfeift seine Leute zurück und geht faule Rabattaktionen ein.

Wir haben viele Widerstände und Ängste aus dem Weg geräumt, sind hervorragend gestartet und jetzt sieht es so aus, als wären wir uns selbst der größte Gegner. Wenn wir unsere Leute im Stich lassen, dann ist die neue Verkaufsstrategie ein zahnloser Papiertiger. Wenn wir wieder die alte Schiene fahren: „Rein in die Kartoffeln, raus aus den Kartoffeln", ist die Motivation in der Mannschaft bescheiden, und wir stehen als Führungskräfte am Ende armselig da. Ich war gestern mit einem meiner jüngeren Kollegen bei der Sauer AG. Der Kunde schmunzelte vor sich hin, als er die Präsentation sah, er ignorierte meinen Mitarbeiter ostentativ und ging auf Konfrontation. Er sprach mich direkt auf die neue Strategie an. Unser Mann wurde schön rot. Noch nie habe ich einen Mann mit solch roter Birne gesehen. Er hat mich irritiert und verzweifelt angeschaut. Da hing schon der Vorwurf in der Luft: „Schau, wie ich hier behandelt werde." Ich sagte dem Kunden, dass mein Mann ein hervorragender Fachmann ist, dem ich viel Respekt und Vertrauen entgegenbringe und überließ ihm weiter die Gesprächsführung. Er atmete tief durch und blieb souverän bei der neuen Vertriebsstrategie.

Wir werden mit diesen Kunden keinen einfachen Weg haben. Wir wollen sie nicht verlieren – und wenn doch ... ist das der Preis für die Veränderung. Ich will glaubwürdig bleiben und meine Leute vor Kunden gut aussehen lassen. Die Messe in Berlin steht vor der Tür und viele brisante Gespräche mit den Kunden. Ich habe mich mit meiner Mannschaft entschlossen, nicht in der bescheuerten Affenfalle hängen zu bleiben."

Herr Kruse hält ein leidenschaftliches Plädoyer für die kon-
sequente Umsetzung einer Veränderung. Er hätte auch kurz
und knapp sagen können: „Wir müssen unsere Vereinbarun-
gen einhalten und unseren Leuten Rückendeckung geben."
Doch er entscheidet sich für Storytelling und nimmt seine
Kollegen mit auf eine emotionale Zeitreise. Herr Kruse setzt
bei seiner Rede bewusst die Elemente eines klassischen Erzählmusters ein – die Heldenreise.

Erzählmuster: Heldenreise

- Er geht zu den Anfängen der Veränderung, als PRAX beschloss, mit der neuen Linie *aus der gewohnten Welt auszubrechen.*

- Er spricht von anfänglichen Zweifeln (auch eigenen) und *Weigerungen, die Herausforderungen anzunehmen*, aber auch vom gemeinsamen *Aufbruch.*

- Er wendet das Element *Begegnung mit Antagonisten* an. In diesem Fall ist dies die Konfrontation mit einer inneren Schwäche (fehlende Unterstützung für die Mitarbeiter). Darüber hinaus gelingt es ihm wirkungsvoll, in einer kurzen Erzählung über einen Kundenbesuch seine eigene Vorstellung von Führung zu präsentieren.

- Herrn Kruses Rede lässt niemanden kalt, denn statt Schuldzuweisungen, Mahnungen oder Durchhalteparolen schafft die Struktur der Heldenreise Klarheit darüber, was *vor der entscheidenden Prüfung*, d. h. der Messe in Berlin, auf dem Spiel steht.

- Als Gewinn, als *Rückkehr mit dem Lebenselixier*, winkt neben dem kaufmännischen Erfolg, die Motivation der Mitarbeiter und die Glaubwürdigkeit der Führungskräfte.

Weigerung

Eine Entscheidung zu treffen, die eigene und fremde Denk- und Handlungsmuster in Frage stellt, ist schwer. Entsprechend weigert sich der Held oder die Heldin zunächst, dem Ruf des Abenteuers zu folgen. Die Gründe dafür sind vielfältig:

- Zweifel an eigenen Stärken und Fähigkeiten,
- Angst vor dem Unerwarteten,
- frühere Verletzungen,
- die Macht der Gewohnheit.

Häufig ziehen sich die Helden in dieser Phase zurück, gehen wie Buddha, Moses oder Jesus in die Wüste oder auf einen Berg, um Klarheit zu erlangen. Hamlet besucht das Grab seines Freundes, um über den Sinn und Unsinn seines Handelns nachzudenken. Julia vertraut ihre Zweifel über die Liebe zu Romeo ihrer Amme an.

Manchmal ist die Heldenreise eine lang andauernde Weigerung oder Flucht vor der Verantwortung. Der biblische Jonas etwa weigert sich seiner Berufung als Prophet zu folgen und flieht vor Gott aufs Meer. Rick aus dem Film „Casablanca" besteht beinahe 80 Minuten des Films darauf, Trinker zu sein, und weigert sich, zu lieben und sich politisch zu engagieren.

Mentor

Gewöhnlich trifft der Held in der Phase der Entscheidungsfindung auf einen Mentor, einen Freund, Lehrer oder Diener, der ihn dabei unterstützt, die richtige Entscheidung zu treffen oder vor falschen Entscheidungen warnt. König Artus steht Merlin zur Seite, Luke Skywalker der Meister Yoda, dem König Ödipus der blinde Prophet Teiresias. Auch die innere Stimme des Helden kann die Rolle des Mentors übernehmen. Seine Erfahrungen, seine Werte und Überzeugungen können ihm Mut machen und die Notwendigkeit des Handelns vor Augen führen.

Antagonist

Jeder Held hat seinen äußeren und inneren Gegenspieler. Das können Zombies sein, die Götter des Olymp, ein aggressiver Vogelschwarm oder besonders böse und raffinierte Gestalten wie Darth Vader oder Hannibal Lecter. Der Antagonist kann sich hinter der Maske eines Freundes verstecken und hinterlistig agieren wie Othellos Berater Jago. Die Konfrontation mit den Antagonisten legt oft die veralteten Denk- und Handlungsmuster und die Schwächen des Helden bloß, etwa übermäßige Zweifel an sich selbst, Angst vor Gefühlen, fehlende Ausdauer, Hochmut. Die Schwächen gilt es im Verlaufe der Handlung zu überwinden, die eigenen Stärken zu entdecken und ihnen zu vertrauen. Denn dies ist die eigentliche Herausforderung, vor der ein Held steht.

Verbündete

Dem Helden stehen oft – neben dem Mentor – Helfer zur Seite, die ihn bei der Bewältigung seiner Aufgaben unterstützen, mehr oder weniger zufällige Verbündete, die mit einer kostbaren Information weiterhelfen können wie Zeugen einem Kommissar. Oder sie stellen dem Helden eigene Fähigkeiten zur Verfügung wie die Göttin Athene, die Odysseus bei seinen Irrfahrten hin und wieder aus der Patsche hilft. Manchmal sind es auch unterschätzte oder fehleingeschätzte Menschen, vermeintliche Bedenkenträger und Verhinderer, Verbündete, die sich als Feinde tarnen. Sie nehmen dem Helden die Drecksarbeit ab, wie Han Solo oder R2-D2 in Star Wars, oder sorgen dafür, dass er sich nicht übermäßigen Gefahren aussetzt.

Prüfungen und Wendepunkte

Auf der Heldenreise begegnen dem Protagonisten unzählige Prüfungen. Er muss verschiedene Gefahren überwinden und Versuchungen widerstehen, er muss Rätsel lösen, richtige Entscheidungen treffen, falsche Entscheidungen revidieren und die richtigen Verbündeten finden. Kurz vor dem Ziel seiner Reise gelangt er an einen „Point of no Return", an dem es endgültig keinen Weg mehr zurück gibt. Nach Überschreiten dieses Punktes wird es zur wichtigsten Prüfung kommen, zur finalen Konfrontation mit dem Antagonisten, im Film oft Showdown genannt. Am Abend oder in der Stunde vor der entscheidenden Konfrontation hat der Held Zeit, um sich auf den Kampf vorzubereiten. In dieser dramatisch wichtigen Verschnaufpause überfallen ihn noch einmal Zweifel. Die Versuchung einer gewohnten Welt meldet sich wieder.

Belohnung und Rückkehr

Schließlich erreicht der Held sein Ziel. Er findet den Schatz, besiegt das Alien, befreit die Welt vom Bösen und kehrt verändert und gereift in seine bekannte Welt zurück. Von seiner Reise bringt er etwas sehr Kostbares zurück: Feuer, Freiheit, das ewige Leben. Die anderen begegnen ihm mit Respekt. Er hat nicht nur die Liebe, sondern auch sich selbst gefunden und Selbstachtung erreicht. Pinocchio findet seinen Vater wieder und aus einem Stück Holz wird ein Mensch. Odysseus findet zurück nach Ithaka.

Überzeugungskraft der Heldenreise

Wozu sollte man sich mit der Struktur der Heldenreise beschäftigen? Sind die Geschichten aus Literatur und Film nicht letztlich nur ein netter Zeitvertreib für den Feierabend? Denn welcher reife Erwachsene strebt danach, sich allein gegen die Mächte des Bösen zu stellen? Der Grund liegt in der Antwort auf die Frage, warum uns seit Menschengedenken Geschichten so faszinieren, die auf dem Muster der Heldenreise beruhen: Heldenreisen bieten uns Identifikationsmuster an.

Im ersten Kapitel haben wir erfahren, dass unser Gehirn seine Effizienz dadurch gewinnt, dass es alles Behaltenswerte in Geschichten ablegt, die wir als Handlungsmuster abrufen können. Der Ruf des Abenteuers bedeutet schließlich nichts anderes als die urmenschliche Notwendigkeit, sich im Laufe des Lebens immer wieder zu wandeln, alte Überzeugungen auf den Prüfstand zu stellen, auf ein wohliges sich Einrichten im Leben, auf Sicherheit und bequeme Routinen und Gewohnheiten im richtigen Moment zu verzichten. Das Abschiednehmen von hübschen Illusionen und falschen Annahmen, von Trugbildern und Lebenslügen ist Teil jeder Biografie. Jeder Mensch gelangt in seinem Leben an Scheidewege, an denen er sich nicht mehr unter dem Rock aus freundlicher Langeweile und falschen Rücksichten verstecken kann oder will. Er will richtig auf die Welt kommen. Umgekehrt bedeutet das auch: Wenn wir unser Gegenüber, unsere Zuhörer wirklich erreichen wollen, sie motivieren, von etwas überzeugen oder gar zu Verhaltensänderungen bringen wollen, können wir das nicht besser erreichen als mit einer nachvollziehbaren Geschichte im Muster der Heldenreise.

Anwendung im Beruf

Die Heldenreise gibt uns im Storytelling typische Muster, Personen und Leitmotive an die Hand, um eine Erzählung erfolgreich dramatisch zu gestalten.

- Die Kenntnis der Struktur einer Heldenreise ermöglicht es, die Veränderungen im Leben von Menschen und Unternehmen besser zu begreifen, und zu verstehen, wie Menschen mit Ungewissheit umgehen. Mit diesem Wissen lassen sich Veränderungsprozesse besser steuern.

- Mit Hilfe der Struktur der Heldenreise können Sie auch Ihre eigene berufliche oder private Entwicklung reflektieren (siehe dazu auch das Übungskapitel am Ende des Buches).

- Die Heldenreise bietet eine Inspiration und eine strukturelle Vorlage für Auftritte wie Reden, Präsentationen oder auch für klärende Gespräche.

Sie können darüber hinaus die Muster der Heldenreise benutzen, wenn

- Sie als Ausdruck der Wertschätzung für Menschen oder Teams einen Rückblick auf die Zusammenarbeit oder den Projektablauf anbieten wollen.

- Sie bestehende Veränderungen analysieren und nicht einfach schön Wetter machen wollen, sondern sowohl die Gefahren und Widerstände klar ansprechen, als auch Lust auf Neues und Unbekanntes machen wollen.

- Sie Ihre Produkte und Leistungen mit der Betonung auf „Wir haben weder Mühen noch Kosten gescheut", darstellen wollen.

- Sie Ihre persönlichen Reifungsgeschichten bei Vorstellungsgesprächen, Antrittsreden, Klärungsgesprächen und in der Konfliktlösung erzählen wollen. Berichten Sie über Wendepunkte Ihres (Berufs)Lebens, über schwierige Entscheidungen, Situationen, in denen Sie Gewohnheiten, alte Denk- und Handlungsmuster ablegen mussten. Schildern Sie den Gewinn an neuen Erfahrungen oder Einsichten.

- Nutzen Sie eigene und fremde Erfahrungen, eingebettet in das Muster der Heldenreise, statt Belehrungen – als Zuversicht und Mut spendende Geschichten für Söhne und Töchter, Azubis, Neulinge, desillusionierte Mitarbeiter, gestresste Freunde und orientierungslose Vorgesetzte.

- Packen Sie Ihre Lebens- und Berufserfahrungen statt in tabellarische Lebensläufe in das Muster der Heldenreise, wenn Sie als Anfänger alten Hasen, Superexperten oder Gurus gegenübertreten. Es ist die beste Übung in Selbstwertschätzung.

Ausbruch, Flucht, Befreiung

Ausbruch, Flucht und Befreiung sind Konstanten im Leben. Ob wir uns aus den Fängen verknöcherter Traditionen befreien müssen oder einen ungeliebten Job wechseln, dieses Erzählmuster gibt uns Strategien an die Hand, damit wir in diesen Lebenslagen beherzt und zugleich umsichtig agieren können.

Beispiel:

> Der Mythos von Ikarus steht in vielen Interpretationen für den Traum der Menschen vom Fliegen. Doch die Geschichte von Ikarus ist die Geschichte einer Gefangennahme. Ikarus' Vater, Dädalus, ein genialer Ingenieur, der das Labyrinth auf Kreta gebaut hat, hilft Ariadne und Theseus, den im Labyrinth eingesperrten Minotaurus zu finden und zu töten. Minotaurus ist der missratene Sohn vom kretischen König Minos, den dieser über alles liebt. Er lässt zur Strafe Dädalus und seinen Sohn Ikarus in dem verwaisten Labyrinth einsperren. Es gibt nur einen Fluchtweg aus dem Gefängnis: der Weg nach oben. Aus Wachs, Vogelfedern und Riemen konstruiert Ikarus in mühsamer Arbeit Flügel. Nach mehreren Bruchlandungen und technischen Pannen gelingt die Flucht. Leider hört Ikarus nicht auf die Warnungen des Vaters. Er erliegt dem Rausch des Fliegens und steigt so nah zur Sonne, dass das Wachs schmilzt – das Ende der Geschichte kennen wir.

Die Eingesperrten und von Tod oder Hoffnungslosigkeit bedrohten Protagonisten versuchen, um jeden Preis zu entfliehen, so auch Krabat aus der verzauberten Mühle, der Graf von Monte Christo aus dem Kerkerloch, McMurphy, der Held von „Einer flog über das Kuckucksnest", aus der Irrenanstalt. Die Flucht erfordert Mut, Kreativität und akribische Vorbereitungen. Herbe Rückschläge sind zu verkraften, und am Ende gelingt doch nicht jedem der Weg nach draußen. Im Mittelpunkt des Fluchtplots jedoch steht ein Wert: die Freiheit. Für ihr Recht auf Freiheit und Selbstbestimmung gehen die Protagonisten ein hohes persönliches Risiko ein und scheuen die Konfrontation nicht. Oskar Matzerath aus der „Blechtrommel" von Günter Grass weigert sich zu wachsen und vernünftig zu handeln. Antigone rebelliert gegen die Staatsgesetze, die Meuterer auf der Bounty lassen sich die sadistischen Exzesse ihres Kapitäns nicht mehr gefallen. Befreiungsgeschichten erzählen oft von der Rebellion gegen unsinnige Regeln, menschenverachtende Systeme und lähmende Alltagsroutinen. Die Hauptakteure überschreiten kulturelle, politische und gesellschaftliche Normen und Begrenzungen.

Beispiel:

Der Weg der legendären Unternehmensgründerin Margarete Steiff schien durch soziale Zwänge des 19. Jahrhunderts und durch eine Kinderlähmung vorherbestimmt zu sein. Doch obwohl sie an einen Rollstuhl „gefesselt" und mit konservativen Weltvorstellungen konfrontiert war, ließ sie sich nicht entmutigen. Sie beharrte auf Bildung und dem Recht zur Selbstbestimmung und wurde zur Gründerin einer Weltfirma, der wir den „Teddybär" verdanken.

Anwendung im Beruf

Dieses Erzählmuster können Sie nutzen, wenn

- Sie von einem innovativen Projekt, einer bisherige Normen sprengenden Lösung oder von der Entwicklung eines Produktes berichten wollen, dabei aber nicht nur den Erfolg, sondern auch die Vorbereitung, Widerstände von außen, Zweifel und Rückschläge betonen wollen.

- Sie über Ihre eigenen Befreiungsschläge, das Verlassen von Routinen und Komfortzonen berichten, dabei aber auch die Misserfolge und Anfeindungen betonen wollen.

- Sie Menschen für mehr Eigeninitiative und Eigenverantwortung gewinnen möchten.

- Sie zur Reflexion über vermeintlich nützliche Regeln und Prozesse anregen wollen.

- Sie Neues oder Revolutionäres durchsetzen wollen und mit Einwürfen von Bedenkenträgern, Jammerern und Prinzipienreitern konfrontiert sind.

Verwandlung und Veränderung

Wären die Hauptfiguren von Romanen, Theaterstücken oder Filmen nicht mit einer Veränderung konfrontiert, wäre die Geschichte nicht erzählenswert. Denken Sie an das letzte Mal, als Sie aufgefordert wurden, sich mit einer Umstrukturierung anzufreunden oder zu einem Change Agent ausgerufen wurden. Oder denken Sie an Ihr eigenes Bedürfnis, etwas Neues anzufangen. Die Neugier auf das Unerwartete, Fremde ist genauso groß wie die Angst davor. Die Konfrontation mit dem Neuen und Fremden zwingt zur Reflexion über das bisherige Tun, über die eigenen Werte und Stärken. Was soll ich tun? Mir treu bleiben, gegen die Veränderung vorgehen, sie ignorieren oder mitmachen?

Veränderung tut weh

Das Bewältigen von persönlichen, sozialen und politischen Krisen ist ein Leitmotiv von Storytelling. Es macht uns neugierig, wie die anderen sich einem Schicksalsschlag stellen oder einer Notwendigkeit zu Veränderung. Veränderungen sind Prüfungen des persönlichen Charakters, für Gruppen, Teams und ganze Unternehmen. Eine Veränderung oder Krise nicht nur alleine, sondern gemeinsam mit anderen zu bewältigen – sogar in der Kooperation mit einem Gegner – spendet

Zuversicht. Es ermutigt, im vermeintlichen Feind einen potenziellen Verbündeten zu sehen, und weckt Hoffnungen auf einen wertschätzenden Umgang miteinander.

Beispiel:

Herr Stamm, Geschäftsführer eines mittelständischen Unternehmens, kündigt Veränderungen an: „Wir könnten hoffen: Der Markt zieht bald wieder an und löst unsere Probleme. Doch das ist keine gute Lösung. Es ist nicht das erste Mal, dass wir einer Veränderung gegenüberstehen. Vor zwei Jahren haben wir die neue Software eingeführt. Genau wie heute stand auf der einen Seite die Notwendigkeit des Handelns, auf der anderen Seite die Sehnsucht nach Beständigkeit und Stabilität. Wir haben uns damals für die Notwendigkeit entschieden, uns externe Berater ins Haus geholt. Im Flurfunk hieß es: humorlose Außerirdische, die sich von Zahlen, Daten, Fakten wie Computerviren ernähren, und wenn sie Kinder kriegen jeden Windelwechsel in die Excel-Tabelle eintragen. Unter uns herrschte Misstrauen, Gleichgültigkeit und Häme, das führte zu Missverständnissen und Intrigen. Viele hatten Schiss, die Klappe aufzumachen. Aber es gab auch einen entscheidenden Moment in dem ganzen Veränderungsprozess, der mich zu Tränen gerührt ... stark geprägt hat und aus dem ich die Hoffnung schöpfe, dass wir es auch diesmal schaffen. Richard war in dem Steuerungsteam, und er war die Seele des Projektes. Als einer der wenigen konnte er zerstrittene Parteien zu Vernunft bringen. Als er dann so schwer krank wurde und pausieren musste, fehlte er uns. So sehr, dass irgendjemand mitten in einem besonders hitzigen Meeting einen leeren Stuhl dazustellte und sagte: Wenn Richard hier wäre, was würde er jetzt dazu sagen? Wir hielten inne – das hat uns geholfen, nach einem Konsens zu suchen und am Ende gestärkt aus der Veränderung rauszukommen. Gestärkt um eine schlichte Erkenntnis: dass wir den Wandel nur gemeinsam bewältigen können. Ich sehe hier viele bekannte Gesichter von damals – eigentlich nur bekannte – und daher ist mir vor nichts bange."

Anwendung im Beruf

Wenn Sie die Notwendigkeit einer Veränderung kommunizieren, palavern Sie nicht von „Krise als Chance", sondern begegnen Sie Ihrem Gegenüber mit dem Bewusstsein, dass Veränderungen schmerzhafte Erfahrungen sind, die mit widersprüchlichen Emotionen und Bedürfnissen einhergehen. Erst im Nachhinein kann die Richtigkeit der Entscheidung beurteilt werden.

- Im Angesicht einer Veränderung können Sie Verständnis und Zuversicht nur dann erzeugen, wenn Sie sich im guten Sinne in Gesprächen mit Betroffenen und Beteiligten „den Mund fusselig reden". Sie können in der Erzählform eigene und fremde Perspektiven einbringen, dabei widersprüchlichen (auch eigenen) Emotionen und Einsichten Platz einräumen und gleichzeitig an die Richtigkeit der Entscheidungen glauben.

- Denken Sie daran: Menschen denken in den Strukturen von Geschichten, in Ursache und Wirkung. Menschen brauchen Sinn. Wenn Sie Ihre Entscheidung kommunizieren, nutzen Sie das Zauberwort „weil". Das hilft Ihnen auch in der Gesprächsvorbereitung, einen Wandel oder eine Entscheidung nach dem Sinn abzuklopfen.

- Best Practice – wenn Sie von gelungenen Umstrukturierungen oder bewältigten Herausforderungen berichten, thematisieren Sie auch die vorangegangenen Zweifel und Hoffnungen. Das wirkt glaubwürdig.

- Wenn Sie von eigenen Veränderungen erzählen wollen, betonen Sie wahrheitsgetreu Polaritäten. Aus dem schüchternen Jungen ist ein selbstbewusster Mann geworden, aus einem egoistischen Draufgänger ein einfühlsamer Teamplayer.

- Wenn Sie vom Erfolg unterschätzter Menschen oder über zunächst abgelehnte, später jedoch erfolgreiche Ideen, Dienstleistungen oder Produkte berichten wollen, schildern Sie möglichst genau die Situation davor, die Hürden und Widerstände während der Wandlung und die Situation danach. Beschreiben Sie Ihre anfänglichen Gefühle, Fehleinschätzungen und Erwartungen.

Kampf, Rivalität, Wettbewerb

In seinem Buch „Homo Ludens" über den Einfluss des Spieltriebes auf die Kultur, insbesondere in Kunst, Wissenschaft und Recht, beschreibt der niederländische Kulturhistoriker Johan Huizinga den Wettkampf als einen der Grundspiele der Menschheit. Sich messen, duellieren, in Wettbewerb treten finden wir heute nicht nur in der Bundesliga, „Wetten, dass ...?", politischen Wahlen oder Gerichtssälen, sondern bei jeder Art von Verhandlungen und Meetings. Die Erzählmuster der Rivalität sind so alt wie die Schöpfungsmythen. Das Licht kämpft gegen die Finsternis, der Stammesgründer ringt mit dem übermächtigen Gegner, einem Drachen oder Gott selbst. Kontraste und offen ausgetragene Konflikte sind der Stoff, aus dem dieses Erzählmuster gestrickt ist. Gut gegen Böse, Mensch gegen die Natur, Arm gegen Reich, Links gegen

Rechts, Klugheit gegen Dummheit, Kain gegen Abel, Microsoft gegen Apple, Puma gegen Adidas. Menschen ringen um Macht, Geld und Ruhm, für eine bessere Schulbildung und faire Arbeitszeiten, kämpfen gegen die Arroganz der Politiker oder die Umweltverschmutzung.

Beispiel:

2001 ist kein gutes Jahr für die Weltwirtschaft: die geplatzte Technologieblase und die Anschläge vom 11. September reißen auch die deutsche Wirtschaft mit nach unten. Kaum einer will mehr konsumieren, kaum einer investieren. Die Zahl der Arbeitslosen steigt. 2001 muss auch die Kristallglasmanufaktur Theresienthal Insolvenz anmelden. Nach fast 600 Jahren ist für die traditionsreiche Glashütte im Bayerischen Wald der Ofen aus. Der letzte Geschäftsführer – ein knorriger Waldler, wie sich die Einheimischen gerne bezeichnen – gibt nicht auf. Er will das Unmögliche möglich machen und das Traditionsunternehmen zurück an den Markt bringen. Obwohl er entlassen ist und arbeitslos gemeldet, sieht er zwei Jahre lang Tag für Tag nach dem Rechten in dem geschlossenen Betrieb. Er überzeugt den Insolvenzverwalter, das Unternehmensinventar nicht zu verkaufen und sucht unbeirrt nach einem Investor. Irgendwann halten ihn alle für einen Spinner. Er isoliert sich, sucht anderswo weiter nach Verbündeten. Eine Münchener Stiftung erfährt von seinem Kampf und ermöglicht Kontakte. Etwa 60 Mitstreiter aus Politik, Wirtschaft, Wissenschaft und Gesellschaft beteiligen sich an seinem Traum, die Glashütte wieder auferstehen zu lassen. Im Sommer 2005 gelingt der Neustart. 18 Langzeitarbeitslose verdienen wieder eigenes Geld. Ein Banker, der aus der Gegend um Zwiesel stammt, kündigt seinen Job in Frankfurt, kehrt mit der Familie in die Heimat zurück und übernimmt den Betrieb. Der Ofen brennt bis heute.

Anwendung im Beruf

- Wenn Sie die eigene oder fremde Geschichte eines Kampfes erzählen wollen, schildern Sie nicht nur den Verlauf, sondern auch Tiefpunkte und Momente der Schwäche. Nehmen Sie die Perspektive eines Underdogs an. Niemandem gönnt man einen Sieg so sehr wie einem vermeintlich Schwachen.

- Sprechen Sie nie schlecht vom Gegner, erwähnen Sie detailliert und würdigend seine Fähigkeiten. Das macht Sie zu einem klugen Strategen und lässt Ihren Sieg wertvoller erscheinen. Wenn Sie gegen einen wirklich unfairen und gemeinen Gegner gekämpft haben, beschreiben Sie Ihre Kampfregeln und Ihre kreativen Methoden.

- Achten Sie darauf, die Augenblicke des Erfolgs zu würdigen, indem Sie sie genau beschreiben. Zitieren Sie Worte des Lobes, beschreiben Sie Blicke und Gesten der Beteiligten. Schildern Sie die Achterbahn der Gefühle: Euphorie, Genugtuung, Erschöpfung oder den Genuss, es jemandem endlich gezeigt zu haben.

- Wenn Sie Kollegen, Mitarbeiter, Ideen oder Projekte loben und empfehlen wollen, können Sie deren Erfolg als Geschichte eines Kampfes darstellen. Kundenberater kämpfen um einen schwierigen Kunden, Ideen gegen die Ignoranz der Routine. Ein Produkt behauptet sich endlich auf dem Markt.

- Leistungssport, wissenschaftliche Forschung, Medizin und Kunstwelt sind voller Geschichten, die von Kampf und Wettbewerb handeln. Von bitteren Niederlagen, aus denen wir lernen, aber auch von Erfolgen, aus denen wir noch mehr lernen. Suchen und sammeln Sie die Storys.

- Nutzen Sie Kampf- und Rivalitätsmuster, wenn Sie Ihr Gegenüber (Menschen, Teams, Unternehmen) auf schwierige Zeiten einschwören wollen. Beschreiben Sie die Herausforderungen. Schonungslos und radikal. Entwerfen Sie die Perspektive eines ungleichen Kampfes.

- Zeigen Sie die Notwendigkeit des Handelns auf, indem Sie die „Kassandra-Perspektive" (Schwarzmalerei für die Zukunft) einsetzen. Zeigen Sie die Konsequenzen von „Nichtstun" auf. Beschreiben Sie detailliert die „dunkle Zukunft".

So kommen Sie Ihren Rivalitätsgeschichten auf die Spur:

- Überlegen Sie, wann und wie Sie sich Wertschätzung erkämpft haben.

- Für welche Werte und Ideen stehen Sie? Auf welche Weise verteidigen Sie sie? Gibt es konkrete Beispiele?

- Wann standen sie mit dem Rücken zur Wand, fühlten sich machtlos oder überfordert? Wie kehrten Sie zu Ihrer alten Stärke zurück?

- Wann und wie haben Sie sich gegen einen Gegner behauptet? Welche Strategien haben Sie eingesetzt, welche Schwächen überwunden?

Reifeprüfung

Das Erzählmuster der Reifeprüfung umfasst zwei Aspekte:

1 das Erwachsenwerden und die Konfrontation mit dem „wirklichen" Leben,

2 Sinnsuche und Wertefindung, die bis ans Lebensende reichen können.

Auf die Welt kommen

Initiations- und Übergangsmythen, die beschreiben, wie ein Junge zum Mann oder ein Mädchen zur Frau wird, kennen alle Kulturen. Geschichten, die das Reifen eines Jugendlichen schildern, haben sich schon immer großer Beliebtheit erfreut und entsprechende Namen getragen: „Verlorene Illusionen" (Balzac) oder „Große Erwartungen" (Dickens). Die Helden verlassen das unschuldige Paradies der Kindheit und werden mit dem echten Leben konfrontiert. Ihre Träume, Vorstellungen, Werte werden auf eine erste und echte Probe gestellt. In diesen Erzählungen machen die Protagonisten existenzielle Lebenserfahrungen. Sie kosten von den Rauschmitteln des Lebens, Freiheit, Kreativität und Sexualität. Sie entdecken aber auch zum ersten Mal Leid und Tod. Sie kommen richtig auf die Welt. Jeder von uns wird sich an den Moment erinnern, als er zum ersten Mal eine lebenswichtige Entscheidung getroffen hat. Vielleicht standen Ihnen gute oder schlechte Ratgeber zur Seite, Eltern, Freunde, Pädagogen, Geliebte, doch die Entscheidung mussten Sie am Ende alleine treffen.

Beispiel:

Thomas Steiner, dem eine gute Führungskultur am Herzen liegt, führt ein Klärungsgespräch mit Herrn Claas. Claas wird von seinen Mitarbeitern als kompetente Fachkraft wahrgenommen, allerdings reagiert er auf berechtigte Kritik äußerst allergisch und hält nicht viel von Feedback.

STEINER: Ich will dir etwas über mich erzählen. Du kennst mich ich ja, ich bin jemand, der schnell Klartext redet. Ich jage Menschen oft Angst ein. Früher gab's auch schon mal Tränen bei Vorstellungsgesprächen. Ich war mir gegenüber immer schonungslos. Warum sollte ich es den anderen ersparen? Eines Tages hat meine beste Ingenieurin mitten in der Entwicklungsphase von G22 gekündigt – aus heiterem Himmel und mit fadenscheinigen Gründen. Ich war richtig sauer, habe alle Register gezogen, damit sie bleibt. Ich hab` sie zur Sau gemacht, dann habe ich ihr mehr Geld angeboten, aber sie blieb stur. Bei unserem Abschiedsessen fragte ich sie, halb im Scherz: Da sie jetzt geht, könne sie mir ja die wahren Gründe nennen, und ob es meinetwegen sei. Sie schwieg mehr als eine Minute. Und dann legte sie los. Es war meinetwegen. Ich werde dir jetzt nicht alles sagen, was sie von sich gegeben hat, damit du nicht die Achtung vor mir verlierst ... na ja, das Harmloseste war: dass ich ein selbstverliebtes Arschloch bin. Ich sah wahrscheinlich so erschüttert aus, dass sie sich danach gleich entschuldigt hat. *(Steiner lächelt kurz.)* Auch wenn nicht alles stimmte, landete sie einige schwere Treffer. Dann bin ich, glaube ich zum ersten Mal in meiner ganzen Karriere, über meinen Schatten gesprungen. Da zwischen uns jetzt Klarheit herrschte, bot ich ihr an, jederzeit zurückkehren zu können. Sie kam nach einem halben Jahr wieder. Wir verstehen uns heute sehr gut, sie ist mein Korrektiv.

Mechanismus der Macht

Das Erwachsenwerden bringt oft die bittere Erkenntnis mit sich, dass man einem falschen Rat oder einer falschen Idee folgte. Macbeth, Richard der Dritte oder Al Capone arbeiten unermüdlich an ihren Karrieren, bis ihnen klar wird, dass am Ende der Erfolgstreppe nur der Henker oder der bessere Nachfolger wartet. Es gibt keine Gnade und keine Absolution. Diese abschreckenden und zugleich faszinierenden Abwandlungen des Erzählmusters von der Reifung spielen die Konsequenzen einer falschen Entscheidung bis zum bitteren Ende durch. Als willenlose Marionetten ihrer Machtgier finden die Schurken kein Entkommen aus dem großen Mechanismus von Aufstieg und Fall. Sie kämpfen den falschen Kampf, für falsche Ideen und falsche Werte. Sie sind faszinierende Figuren, weil sie die absolute Freiheit verkörpern, eine Freiheit, die sich alles erlauben darf. Doch wenn der Oberschurke Richard der Dritte mitten in einer verlorenen Schlacht „Ein Königreich für ein Pferd!" ruft, dann wird augenblicklich klar, wie viel ihm kurz vor seinem Ende sein Lebenswerk noch wert ist.

Anregungen für Leben und Beruf

- In beruflichen Situationen, wie z.B. Vorstellungs-, Konflikt- oder Klärungsgesprächen, helfen eigene und fremde Reifungsgeschichten, sich humorvoll, selbstreflektierend und authentisch zu zeigen.

- Sie können abschreckende Beispiele der Reifungsgeschichten als Worst Cases in Mitarbeiter-, Kundengesprächen oder in Meetings nutzen und warnen: vor Denkfehlern, strategisch falschen Überlegungen, blindem Aktionismus, falsch verstandener Loyalität oder Kundenorientierung.

- Sie können abschreckende Reifungsmuster nutzen, um Ihr Profil zu schärfen, sich von bestimmten Werten und Verhalten zu distanzieren und Ihre Werte und Überzeugungen zu unterstreichen.

Stellen Sie sich die folgenden Fragen, um Ihrer persönlichen Reifungsgeschichte auf die Spur zu kommen:

- Wo kommen Sie her? Was bringen Sie Typisches mit? Reifungsgeschichten sind Heimatgeschichten.

- Wo sind Sie jetzt zu Hause? Reifungsgeschichten sind Geschichten einer Loslösung von der Heimat.

- Welche Träume und Sehnsüchte haben Sie in die große Welt getrieben? Was ist heute daraus geworden?

- Welche Kindheits- und Jugenderfahrungen, Menschen und Orte haben Sie geprägt?

- Mit welchen Widrigkeiten, Herausforderungen mussten Sie sich als Kind oder Jugendlicher plagen? Worauf sind Sie heute stolz? Worauf haben Sie verzichten müssen? Wovon haben Sie sich getrennt, trennen müssen?

- Welche ersten großen Lebensentscheidungen haben Sie getroffen bzw. treffen müssen? Was genau ist passiert? Wer war beteiligt? Wie haben die anderen reagiert?

- Gibt es eine Situation, in der Sie sich Ihrer theoretischen Annahmen, Denkstrukturen und Verhaltensmuster bewusst wurden und sie in Frage stellten?

- Erinnern Sie sich an persönliche Kulturschocks. Sind Sie Menschen begegnet, die Ihnen etwas klar gemacht haben, Sie zu einer Einsicht verführt, gezwungen haben?

- Sind Sie schlechten Vorbildern begegnet, abschreckenden Beispielen? Was haben Sie daraus gelernt? Reifungsgeschichten sind Geschichten der Umkehr und des Ausstiegs. Es sind Geschichten erfolgreicher Kämpfe.

- Erinnern Sie sich an eine konkrete Situation, in der Sie zum ersten Mal Solidarität, echte Freundschaft, große Enttäuschung, große Trauer erlebt haben?

- Welche waren Ihre liebsten Jugendsünden, Dummheiten? Gab es falsche Freunde? Was haben Sie daraus gelernt?

> Reifungsmuster können der Selbstreflexion, der Frage nach der eigenen Herkunft und Identität dienen. Wenn Sie etwas in Kommunikationssituationen davon preisgeben wollen, achten Sie darauf, dass Sie der eigenen Person gegenüber eine wohlwollende Perspektive einnehmen und die Geschichte nicht dem gleichen Kreis mehrmals erzählen, es sei denn, es ist Ihr Enkelkind, das sie zum wiederholten Mal hören will.

Liebe

Ja, auch die Liebe ist ein Erzählmuster – und sie ist eines, das auch im beruflichen Kontext relevant sein kann. Erzählkunst präsentiert uns permanent verklärte Bilder von der Liebe. Keine Emotion wird so stark kulturell reglementiert und für so gefährlich gehalten. Wie viele politische Krisen, gebrochene Karrieren hat die Liebe schon verursacht? Dabei hat die Liebe unzählige Spielarten: Nächstenliebe, Mutterliebe, Eigenliebe, Heimatliebe.

Eine gute Liebe ist eine verbotene Liebe

Wenn Sie an Erfolge wie „Titanic", „Pretty Woman" oder „Harold und Maude" denken und sich an berühmte Liebespaare wie Tristan und Isolde oder Romeo und Julia erinnern, wird Ihnen eine Regelmäßigkeit auffallen: Die Liebe ist erst dann erzählenswert, wenn ihr etwas im Wege steht, wenn sie verboten, abgelehnt oder bekämpft wird wegen sozialer Unterschiede, Zwistigkeiten zwischen den Familien oder anderen mehr oder weniger rationalen Gründen. Die Liebe kann ihre Erfüllung erst finden, wenn sie Schranken, Ängste und Vorurteile überwindet. Eine Liebesgeschichte muss kein Happy End haben und keine Moral, da Liebe an sich schon ein Wert ist. Wenn Menschen von ihren Passionen und Berufungen sprechen, verwenden sie oft die Sprache der Liebe. Sie sprechen von Leidenschaft und Herzblut, von Lust, Genuss und Besessenheit, von Nähe und Treue.

Die erkalteten Herzen aufwärmen

Der große englische Schriftsteller Charles Dickens – Autor von „Oliver Twist" – prangerte in seinen Romanen das Elend und die Ausbeutung an und zeigte, dass Menschen durch Mitgefühl, Respekt und Liebe über sich hinauswachsen können. Das radikale Engagement seiner Bücher und seiner Person für die Opfer des wirtschaftlichen Fortschritts veränderte die Haltung der Zeitgenossen und verursachte soziale und politische Reformen im England des 19. Jahrhunderts.

Zum ersten Mal seit dem Ausbruch des amerikanischen Krieges gegen den islamistischen Terror zeigt 2011 eine kommerzielle TV-Serie „Homeland", sehr einfühlsam und dramatisch das Leid der anderen Seite. Die Serie beschreibt, wie Menschen auf beiden Seiten in tödlicher Umarmung auf den Abgrund zusteuern. Es ist eine Lieblingsserie von Barack Obama, sie hat weltweit eine hohe Popularität und bewirkt, so hoffen die Filmemacher, den Bewusstseinswandel gegenüber dem Feind.

Auch die Aufgabe einer Mediation im Konfliktfall ist es, wie die Konfliktexperten Friedrich Glasl und Rüdiger Ballreich sagen, „die erkalteten Herzen" der Konfliktparteien zu erwärmen. In der Mediation sollen die Parteien die eigene Perspektive des Konfliktfalls verlassen und die Perspektive des anderen einnehmen. Sie werden aufgefordert, sich die Geschichte der anderen Seite anzuhören, sie zu paraphrasieren und zu verstehen. Dadurch erleben die Gegner einen aus dem Storytelling bekannten Prozess der Identifikation mit dem Protagonisten einer Geschichte. Sie empfinden Mit-Gefühl für die andere Seite und staunen darüber, wie nah sie sich sind in ihrer Emotionalität und ihrem Menschsein – trotz des Konflikts. Sie erfahren statt Ablehnung Nähe und Verständnis – und das von einem feindlichen Gegenüber. Friedrich Glasl und Rudi Ballreich beschäftigten sich mit der therapeutischen Wirkung des antiken Theaters in der Verarbeitung von Konflikten und Krisen. Storytelling und Theatertechniken sind wirkungsvolle Maßnahmen in ihrer Mediationspraxis.

Anwendung im Beruf

- Nutzen Sie das Muster der verbotenen Liebe, wenn Sie in beruflichem Kontext den dornigen Weg zum erfolgreichen „Miteinander" gefunden haben. Berichten Sie von Beziehungshindernissen, blockierenden Vorurteilen, Erwartungen und dem schwierigen Weg zum Erfolg. Betonen Sie die Beziehungsseite der guten Zusammenarbeit.

- Erzählen Sie von Ihrer Haltung und der emotionalen Bindung zu den Werten, wenn Sie für „ungeliebte", vernachlässigte Werte, Verhalten, Maßnahmen (z. B. Qualität der Dienstleistung oder des Produktes und solides Handwerk) plädieren wollen.

- Nutzen Sie das Muster für Ihre Brandstorys, wenn Sie in Bewerbungs-, Führungs- und Kundengesprächen von Ihrer Passion (Liebe zu ...) erzählen wollen, die allen Widrigkeiten zum Trotz ihre Erfüllung findet.

- Nutzen Sie das Muster als Worst Case, wenn Sie vor Liebesblindheit oder Affenliebe warnen wollen – einer sturen Leidenschaft, die den Blick für die konstruktive Lösung verhindert. Wenn Sie aufmerksam machen wollen auf Silodenken, Prozessblindheit oder Detailverliebtheit eines Perfektionisten.

- Profitieren Sie von dem Erzählmuster in der Konfliktlösung – wenn Sie die Fronten der Konfliktparteien auftauen und Verständnis für die Gefühle der anderen Seite wecken wollen. Sie können von eigenen oder fremden Erfahrungen im Konfliktfall berichten und – falls es der Wahrheit entspricht – von einer Lösung erzählen, die auf gegenseitigem Respekt basiert.

Reise und Abenteuer

Die Reise als Metapher des menschlichen Tuns erfreut sich in der westlichen Kultur einer großen Popularität. Reisen voller aufregender Prüfungen und beschwerlicher Abenteuer werden geschildert, doch vor allem reizt das Schöne und das Unerwartete. Ritter, Pilger, Hobbits, Seefahrer, Polarforscher machen sich auf den Weg, um den heiligen Gral, den magischen Ring oder das Ende der Welt zu finden. Es geht zu Fuß, zu Pferd, mit dem Rad, Auto unter Wasser, in die Lüfte, ins Erdinnere, zu anderen Völkern oder sogar hinein in den menschlichen Körper. Es wird durch die Zeit gereist und „Zurück in die Zukunft". Reisende sind in Bewegung. Sie haben Lust, sich auf das Unbekannte und Unerwartete einzulassen. Das wahre Ziel einer Reise – auch wenn sie vordergründig ein bestimmtes Ziel hat – liegt in ihr selbst, denn sie lebt vom Wechsel der Orte und Erlebnisse, vom Reiz der neuen Erfahrungen.

Gemeinsam handeln

Wir lernen auf der Reise nicht nur, unser Ziel zu verfolgen, sondern aufmerksam zu werden für Chancen und Gelegenheiten, die sich während der Reise ergeben und für die Vielfalt der Ansichten und Lebensentwürfe. Die Erfahrung einer Reise ist sehr stark mit Erfahrungen in der Gruppe verbunden. Eine Reise ist ein Lehrpfad und Prüfungsparcours eines Teams. Die heroische Perspektive des Einzelkämpfers weicht einer kooperativen Sicht. Reisende brauchen Seilschaften und Crews, um nicht irre- oder unterzugehen. Die Teammitglieder besitzen verschiedenste Kompetenzen und Fähigkeiten. In Krisen wird nicht nach Schuldigen gesucht oder nach dem starken Mann gerufen, sondern man setzt sich zusammen. Es wird gestritten, diskutiert, beleidigt, aber dann kehren doch alle zum Kreis zurück, um die beste Lösung zu finden.

Pflicht zur Wahrheit

Es gibt Reisen an Orte des Grauens, die die dunkle Seite des menschlichen Daseins offenbaren. Tschechow berichtet aus den Arbeitskolonien Sachalin, Dickens aus dem Elendsviertel von London, Joseph Conrad aus den Sklavenkolonien im Kongo. Diese Erfahrungen erschüttern. Storytelling bedeutet auch die Pflicht zur Wahrheit, Erlebnisse nicht zu beschönigen, sondern genau zu beschreiben.

2012 wurde die Rede des 2013 verstorbenen Literaturkritikers Marcel Reich-Ranicki vor dem Bundestag als „Rede des Jahres" von der Universität Tübingen ausgezeichnet. Sie glänzt nicht mit Aufforderungen zur Weltverbesserung. Vielmehr ist sie ein präziser Augenzeugenbericht davon, was sich am 22. Juli 1942 bei der Deportation der Juden aus dem Warschauer Ghetto abgespielt hat. Sein Bericht ist schlicht, detailgetreu und nüchtern – und daher umso bewegender.

Anwendung im Beruf

- Das Erzählmuster der Reise gehört zur meist verwendeten Metapher, sowohl im privaten wie im beruflichen Umfeld. Wenn Sie es anwenden, achten Sie darauf, dass Ihre eigenen oder zitierten Erfahrungen frei von Plattitüden sind, wie „Auf zu neuen Ufern" oder die billige Metapher einer fiktiven Bergbesteigung.

- Wenn Sie das Erzählmuster „Reise" anwenden, betonen Sie nicht nur das Ziel und die Hindernisse. Berichten Sie von den Motiven des Aufbruchs und den mühseligen Vorbereitungen. Vielleicht gibt es konkrete Beispiele dafür, wie Sie auf eine Probe gestellt worden sind, bevor die Reise überhaupt losging.

- Schildern Sie die Situationen, in denen Sie von der Route abgewichen sind, unerwartet Wertvolles erfahren haben oder Hilfe erhielten.

- Betonen Sie nicht nur die Zielfixierung, sondern vor allem die Aufmerksamkeit auf Chancen und Gelegenheiten, die Sie ergriffen.

- Sie können bei Projektbesprechungen eine fiktive Reise entwerfen. Schildern Sie würdigend und detailtreu Ihr „Reiseteam". Nehmen Sie die Rückschau-Perspektive an, wenn alle Strapazen überwunden sind und man um neue Erkenntnisse reicher zurückkehrt.

- Um die Kultur Ihres Unternehmens oder die Abteilung zu beschreiben, können Sie fiktiv in die Rolle eines Fremden oder Forschers schlüpfen.

- Wenn Sie einen Kollegen, Chef oder Mitarbeiter vor einem Plenum vorstellen oder seine Leistung würdigen wollen, berichten Sie von einem Tag aus seinem Berufsleben. Beschreiben Sie präzise seinen typischen Tagesablauf. Konzentrieren Sie sich auf seine Stärken, betonen Sie, wo seine Originalität und Einzigartigkeit liegt. Zeigen Sie tägliche Routinen als Highlights.

- Prüfen Sie Ihre eigenen Erfahrungen. Wann und warum haben Sie eine Reise in ein Ihnen unbekanntes Land gewagt?

- Ist Ihnen bei einem Auslandsaufenthalt etwas zugestoßen, das Ihre Weltsicht bereichert und verändert hat?

- Wann und wie haben Sie eine Routine durchbrochen?

- Wenn Sie auf Missstände, Leid oder Ungerechtigkeit aufmerksam machen, Mitgefühl erzeugen wollen, versuchen Sie es mit einem präzisen Bericht eines engagierten Beobachters. Beschreiben Sie einen Tag oder ein Jahr im Leben eines Betroffenen.

Ermittlung

Warum lächelt Mona Lisa so geheimnisvoll? Wer steht hinter dem Anschlag auf John F. Kennedy? Welche Krankheit verbirgt sich hinter merkwürdigen Symptomen? Am Anfang jeder Ermittlung steht ein Rätsel. Politische Machenschaften müssen aufgedeckt, ein Mord muss aufgeklärt, eine richtige Diagnose gestellt, ein Serum gegen eine gefährliche Epidemie gefunden werden. Jeden Sonntagabend spekulieren in Deutschland Millionen Zuschauer beim „Tatort", wer der Mörder ist. Kriminalromane und Thriller verkaufen sich blendend. Der Erfolg von Hitchcock, Wallander, Dan Brown resultiert aus einer meisterhaften Fähigkeit Spannung zu erzeugen. Sie stellen ihre Protagonisten vor ein Rätsel und ziehen den Leser und Zuschauer mit hinein.

Ermittlung ist das Abenteuer eines aufgeklärten, kritischen Geistes, der nicht an Ammenmärchen glaubt. Das Erzählmuster der Ermittlung glaubt an die Kraft des logischen Denkens und das Wissen von Experten. Es feiert die Skepsis der Welt gegenüber. Die Ermittler betrachten Daten und vermuten Manipulationen dahinter. Sie befragen Menschen und glauben ihnen nicht. Der Schein ist nicht das Sein. Viele Wissenschaftler, Naturforscher oder Unternehmer handeln auf eine ähnliche Weise. Sie widmen ihr Leben der Suche nach Lösungen von Problemen. Sie glauben daran, dass Fortschritt etwas Wertvolles ist, und dass der menschliche Verstand jedes Geheimnis lüften kann. Sie glauben, wie Darwin oder Newton, nicht an Gegebenes und misstrauen ihrer Wahrnehmung.

Anwendung im Beruf

- Der Einsatz des Erzählmusters der Ermittlung ist sinnvoll, wenn Sie in Ihrer Kommunikation nicht nur das Finden einer Lösung, sondern die Suche danach betonen wollen: die schwierigen äußeren Voraussetzungen (z. B. Zeitdruck, fehlende Ressourcen), Umgang mit Unerwartetem (z. B. neue Kompetenzen erwerben müssen).

- Das Erzählmuster eignet sich, wenn Sie von einem Durchbruch in der Lösungsfindung – eine Erfolgsstory – erzählen möchten. Schildern Sie z. B. die schwierige Ausgangslage, die Skepsis der Umwelt, die ersten Erfolge und Misserfolge Ihrer „besten Experten", Konflikte und Anspannung kurz vor dem Durchbruch. Und dann beschreiben Sie ausgiebig den Erfolg.

- Wenn Sie von einer beschwerlichen, aber letztlich erfolgreichen Aufgabenlösung berichten wollen – z.B. die Aufdeckung einer Störung – schildern Sie die falschen Fährten und unzutreffenden Diagnosen, bis Sie schließlich die richtige Lösung gefunden haben.

- Nutzen Sie Lebensläufe von Forschern, Archäologen, Erfindern und von anderen Problemlösern, wenn Sie Menschen z.B. für Ideenmanagement gewinnen, wenn Sie also eine Motivationsstory erzählen wollen. Betonen Sie den konsequenten Glauben dieser „Ermittler" an den Erfolg, ihre Kreativität und ihr Querdenkertum.

Auf einen Blick: Der Weg zur guten Geschichte
• Erzählmuster sind Lebensmuster-Archetypen, die sich mit universellen Erfahrungen auseinandersetzen.
• Die Heldenreise kann verschiedene andere Erzählmuster integrieren. Ihr Aufbau erfolgt nach einem bestimmten Schema, das ein guter Storyteller kennen muss, um es auf eigene Geschichten übertragen zu können.
• Jedes Erzählmuster lässt sich auf berufliche Situationen übertragen.
• Erzählmuster dienen immer auch der Selbstreflexion.

Zutaten für das Storytelling

Gute Geschichtenerzähler sind gute Zuhörer. Neugier und Interesse für den anderen zeichnet sie aus. Doch auch wenn Sie genug Neugier besitzen – mit welchen Mitteln machen Sie aus einer Geschichte eine gute Geschichte?

In diesem Kapitel erfahren Sie,

- wie Sie gute Geschichten überhaupt aufspüren,
- was die Hauptfigur einer Geschichte interessant macht,
- warum Sie stets nach den Beweggründen für die Handlung Ihrer Hauptpersonen suchen müssen,
- wie wichtig die Erzählperspektive ist und warum,
- welche Wirkung Sie mit Perspektivwechseln erzielen können.

Geschichten aufspüren

Jammern ist die ärmste Form des Small Talks. Wer gerne klagt, sollte deshalb lieber über den Urlaub oder das Wetter sprechen, da fällt die Meckerei nicht gar so unangenehm auf. Wer aber gut in Erinnerung bleiben möchte, möge Geschichten erzählen, die Menschen gerne hören und gerne weitererzählen. Welche Storys sind das? Es sind die großen und kleinen Dramen, die tragisch beginnen und doch gut ausgehen. Es sind die Geschichten über Menschen, die sich verändert haben, die für ihre Träume und Ideale kämpfen, Menschen, die über sich hinausgewachsen sind und aus ihren Fehlern gelernt haben.

Auch in Ihrem Leben gibt es solche Geschichten. Suchen Sie danach und berichten Sie darüber. Wann haben Sie sich das letzte Mal so gefühlt, als könnten Sie Berge versetzen oder einen Tiger bändigen? Wann mussten Sie Ihr Denken oder Ihr Verhalten ändern? Forschen Sie in Ihren Erinnerungen nach und bringen Sie solche Erfahrungen ans Tageslicht.

Orientieren Sie sich bei Ihrer Suche nach einem guten Stoff nicht nur am Erzählmuster, sondern halten Sie auch nach starken Protagonisten Ausschau. Sicherlich sind Sie Menschen begegnet oder arbeiten vielleicht mit solchen, die Ihnen imponieren. Vielleicht sind das sogar Ihre Chefs, Ihre Mitarbeiter, ein Kunde oder ein Kollege. Sehen Sie sich um und erzählen Sie davon. Vielleicht haben Sie selbst in der einen oder anderen Lebenssituation wie jemand agiert, der im Mittelpunkt einer spannenden Story stehen könnte.

Bei der Suche nach einem guten Protagonisten begegnen Sie nicht nur faszinierenden Persönlichkeiten, Sie begegnen auch, wie Christopher Vogler in seinem Buch „Die Odyssee des Drehbuchschreibers" berichtet, Ihrer eigenen Persönlichkeit. Ihre eigenen Stärke und Talente, Ansichten, Wertvorstellungen und Träume geraten plötzlich in den Blick. Das ist der ganz persönliche Gewinn, den Sie aus dem Storytelling beziehen, denn wer innehalten kann, bleibt handlungsfähig. Wer Ereignisse zu- und einordnen kann, klärt manche Zweideutigkeiten und bringt Licht hinter ungeklärte Motive. Beim Erzählen von Geschichten treten wir immer zugleich eine Reise nach innen an, aus der wir gestärkt und bereichert zurückkehren.

Protagonist mit Kernbotschaft

Im Mittelpunkt einer spannenden Geschichte steht immer eine interessante Figur. Doch was macht eine Figur interessant? Muss sie etwas besonders gut können oder etwas Besonderes tun? Autorennen fahren, köstlich Kochen, Riesenwellen reiten, oder muss ihr nur etwas Außergewöhnliches zustoßen, wie der Besuch eines Aliens oder eine überhöhte Telefonrechnung? Muss sie eine Herausforderung bewältigen, den Mount Everest, eine Schwangerschaft im Teenageralter oder den neuen Chef? Die Antwortet lautet Ja und Nein zugleich. Denn es ist schon richtig, dass eine gute Geschichte immer eine ist, die etwas Besonderes erzählt – auch dann, wenn dieses Besondere erst durch einen ungewöhnlichen Blickwinkel des Erzählers auf vordergründig alltägliche oder gar langweilige Ereignisse aufgespürt wird. Doch dies ist eher bereits die Konsequenz. Der tieferliegende Grund, warum uns die Handlungen eines Protagonisten erzählenswert erscheinen, speist sich aus einer anderen Quelle: nämlich seiner Motivation zu handeln; wir nennen sie seine Kernbotschaft. Eine starke Figur ist auch stark an eine solche Kernbotschaft gebunden.

Beispiel:

> Herr Rüdiger ist der Chef von Frau Herz. Er gilt als streng, erwartet viel von seinen Mitarbeitern und reagiert bei Schlamperei oder mangelndem Engagement extrem unangenehm. Eines jedoch hat für ihn absolute Priorität: die Verantwortung für das Wohl seiner Kinder. Diesen Wert hält er auch für seine Mitarbeiter hoch. Als Frau Herz einmal ihr krankes Kind allein zu Hause lässt, weil sie eine dringende Aufgabe erledigen muss, lobt Herr Rüdiger sie nicht etwa für ihr außerordentliches Engagement. Nein, sie handelt sich eine schwere Rüge von ihm ein. Sein Verhalten ist so ungewöhnlich, dass sich diese Geschichte rasch verbreitet. Des Respekts seiner Mitarbeiter kann er sich gewiss sein.

Warum wird diese Geschichte weitererzählt? Weil Frau Herz eine Rüge erhält? Sicher nicht. Herrn Rüdiger wird Respekt gezollt, weil er in einer bestimmten Sache eine ebenso klare wie ungewöhnliche Haltung vertritt und seine Einstellung auch unter widrigen Umständen nicht opfert. Denn als Chef sollte es ihm recht sein, wenn seine Mitarbeiter ihrer Arbeit die höchste Priorität einräumen. Er ist seinen Grundsätzen jedoch treu geblieben.

Solche Handlungsvoraussetzungen sind hier mit „Kernbotschaft" gemeint. Der Begriff Kernbotschaft bezieht sich also auf die Werte, die im Mittelpunkt einer Geschichte stehen und deren Träger oder Gegner der Protagonist ist. Sie sind der innere Motor einer guten Handlung. Manchmal transportieren Geschichten schlichte Botschaften wie „Die Liebe besiegt alles" oder „Wer Wind sät, wird Sturm ernten." Die Protagonisten geraten aufgrund ihrer Kernbotschaft in Konflikt mit anderen und mit sich selbst. Sollte Herr Rüdiger aus unserem Beispiel nicht der Unternehmenschef sein, kann man sich die Konflikte, die er sich mit seiner strikten Haltung einhandelt, leicht ausmalen.

Ein starker Wille

Wenn Sie sich die Frage stellen, wie Sie eine spannende Geschichte erzählen können, die Sie selbst erlebt oder gehört haben, überlegen Sie, welche Motive und Beweggründe die Handlungen der Hauptpersonen bestimmen und nach welchen Kriterien die Entscheidungen getroffen wurden.

Starke Protagonisten haben einen starken Willen. Dem einen ist Frieden und Toleranz wichtig, während der andere nach Reichtum, Einfluss und Autorität strebt. Der eine schätzt Sicherheit und Treue, der andere Unabhängigkeit und Freiheit. Manchmal spielt sich im Inneren eines Protagonisten ein leidenschaftliches Duell widerstreitender Werte ab. Denn wir geraten oft zwischen die Fronten unterschiedlicher Positionen, zerreiben uns zwischen Loyalität und Eigensinn, Wahrheit und Nutzen, Tradition und Erneuerung, Beruf und Familie. Wir sprechen dann von Versuchen, eine innere Balance herzustellen, und meinen eine dauerhafte Anstrengung, die gegenseitigen Werte zu versöhnen.

Starke Protagonisten legen keinen Wert auf einen Egotrip oder auf Selbstoptimierung. Sie wollen etwas in der Welt verändern oder sich Herausforderungen stellen. Die Herausforderung kann sehr trivialer Natur sein und dennoch spannungsreich und herzbewegend, etwa so wie die Suche nach einem gestohlenen Fahrrad in dem alten italienischen Film „Die Fahrraddiebe".

Wenn Sie einen spannenden Protagonisten suchen und zum Leben erwecken wollen, erforschen Sie, von welchen Werten und Überzeugungen er geleitet wird. Sehen Sie sich an, in welche Konfliktsituationen er deswegen gerät und wie es ihm gelingt, diese Werte zu leben, alte Überzeugungen und Glaubenssätze abzulegen oder neue Werte zu entdecken.

> Starke Protagonisten tragen Wertekonflikte mit sich und ihrer Umwelt aus. Die Kernbotschaften, von denen ein Protagonist dabei ausgeht, sind der innere Motor der Handlung.

Stärken und Schwächen erkennen

Die Bedeutung einer Kernbotschaft für einen starken Helden stellt den guten Storyteller vor eine ganz besondere Aufgabe. Denn nur wer sich seiner fundamentalen Handlungsmaximen bewusst ist, kann entsprechend davon erzählen und sein Tun nachvollziehbar erklären. Dass das nicht immer einfach und auch nicht immer angenehm ist, ist eine Grundkonstante unseres Lebens. Daher war der Orakelspruch „Erkenne dich selbst." für die einen eine lustvolle Einladung zu einer inneren Reise, für die anderen eine Mahnung, das eigene Leben und seine Talente nicht zu vergeuden und sich Fragen zu stellen nach der Zukunft und der Wirkung eigener Unternehmungen.

- Woher komme ich?
- Wo möchte ich hin?
- Was möchte ich tun, um ein besseres, glückliche(re)s Leben zu führen?

Faszination Begabung

Auch hinter herausragend begabten Menschen, erfolgreichen Künstlern, Unternehmern, Leistungssportlern oder Politikern, steckt ein starker Wille. Die Faszination, die von solchen Menschen ausgeht, verklärt so manche Leistung oder Persönlichkeit – weil immer wieder versucht wird, hinter ihr Erfolgsgeheimnis zu kommen. Mythen von frühkindlichen Neigungen entstehen so: Herkules hat schon als Säugling eine Schlange erwürgt, Mozart bereits auf dem Schoß der Amme die erste Oper geschrieben. Man berichtet von gottgegebenen Talenten, vom beständigen Streben nach einer perfekten Leistung gekoppelt mit dem unerschütterlichen Glauben an die eigene Idee, eiserner Disziplin und produktivem Umgang mit Scheitern und Krisen. Es wird von elterlicher Ambition erzählt, wie im Falle mancher Tennisstars oder Klaviervirtuosen, oder von einem Glücksfall, wenn ein Mentor ein Talent entdeckt und fördert. Manchmal wird der Erfolg einem „biografischen Unfall" zugeschrieben, der erst die wahren Begabungen freilegte.

Wie auch immer diese Berichte im Einzelnen ausfallen, eines wird immer klar: Herausragende Protagonisten zeichnet eine besondere Begabung aus. Ob das Naturtalent oder Ergebnis mühevoller Arbeit ist, ist irrelevant, denn diese Personen besaßen oder entwickelten auf ihrem Gebiet eine prägnante Stärke. Sie verliehen ihr eine gestalterische Kraft und schöpften aus ihrer Arbeit eine gewisse innere Befriedigung. Doch was meinen wir, wenn wir „Stärke" sagen?

Was ist eine Stärke?

Marcus Buckingham und Donald O'Clifton entwickelten, basierend auf ihren Langzeitstudien zur individuelle Entwicklung für die Gallup Organisation, folgende Definition der Stärke: Stärke ist die beständige, beinahe perfekte Leistung in einer Tätigkeit. Sie ist immer abrufbar und wiederholbar, der Mensch geht ganz darin auf, und sie macht glücklich.

Gute Protagonisten sind Menschen, die ihre einzigartigen Stärken erkannt haben und einsetzen. Aber sie sind auch Menschen mit Ecken und Kanten, mit besonderen Schwächen und Marotten. Perfekte, harmonische und runde Alleskönner-Persönlichkeiten gibt es nicht. Ein Mensch, der besonders klar strukturiert arbeitet und denkt, wird von der Umwelt schnell als Pedant bezeichnet. Ein anderer, der im Handeln aufgeht, wird als ungeduldig und impulsiv verschrien. Achten Sie doch einmal darauf, wofür Sie kritisiert werden. In der Kritik verbirgt sich oft der Hinweis auf Ihre Stärken.

Stärken sind überlebenswichtig. Manche vermeintliche Schwächen können sich aber, erkannt und wohlwollend angenommen, ebenso als Stärken erweisen, wie Stärken zu Hindernissen werden können.

Beispiel:

Marion Schneider hat es als eine der wenigen Frauen in das Topmanagement beim Autoteilelieferanten Daona GmbH geschafft. Sie gilt als höchst belastbar und motiviert. Als die Firma aufgrund der Finanzkrise Umstrukturierungen durchführen muss, treibt sie den Wandel an – auch im Bewusstsein, dass ihr Ehemann dabei seine Arbeitsstelle verlieren würde.

Daraufhin gerät sie zunehmend an ihre emotionalen und körperlichen Grenzen. Die Ehe ist auf eine harte Probe gestellt, Freundschaften gehen kaputt und sie leidet oft unter Migräne mit starken Schwindelanfällen. Der Erfolg der Umstrukturierung bedeutet noch mehr Verantwortung und mehr Arbeit. Als einen der wenigen erholsamen Momente gönnt sie sich seit kurzem jeden Dienstagabend eine Stunde Cello-Unterricht. Eines Dienstags, kurz vor der Cellostunde, ruft Stefan Dold, der Finanzvorstand, an. Er benötigt sie am Abend zu einem wichtigen Meeting. Er drückt sich kurz und bestimmend aus. Auf Marion wirkt der Mann wie die personifizierte Effizienz und Selbstkontrolle. Die übliche Kommunikation zwischen den beiden begrenzt sich auf spärlichen Small Talk und einen umfangreichen Austausch von Zahlen und Fakten. Marion fällt keine gute Ausrede ein, sie will ihre Karriere nicht gefährden. Sie zögert kurz, dann erzählt sie ihm vom Cello-Unterricht und warum diese Stunde für sie so wichtig ist. Nach längerem Schweigen gesteht ihr der Vorstand seine eigene Sehnsucht, Klavierunterricht zu nehmen – und seine eigene Erschöpfung. Er bedankt sich bei ihr für ihre Aufrichtigkeit. Das Telefonat ist der Beginn einer wertschätzenden Arbeitsbeziehung zwischen beiden.

Einige Wochen später bei einer Betriebsversammlung zum Thema Gesundheitsmanagement erzählt Marion von ihren letzten zwei Jahren im Betrieb, vom Cello-Unterricht und dem Gespräch mit dem Vorstand. Viele Mitarbeiter sind davon emotional berührt und nehmen ihr das Engagement für das Thema ab.

Übung: Stärken finden

Stellen Sie sich vor, Sie sind Protagonist Ihrer Erzählung. Was zeichnet Sie aus? Entwickeln Sie eine kurze Story. Was können Sie besonders gut und wie wird das zum Nutzen und oder Rettung der anderen eingesetzt? Die folgenden Fragen helfen Ihnen dabei:

- Welche fachlichen Kenntnisse/Fertigkeiten und Fähigkeiten haben Sie? Was haben Sie gelernt?

- Was können Sie besonders gut? Denken Sie auch an Ihre Hobbys, Passionen und vermeintlich überflüssigen Talente.

- Welche methodischen Kompetenzen haben Sie? Haben Sie vielleicht eine bestimmte Methode entwickelt?

- Welche sozialen Kompetenzen besitzen Sie? Wie gehen Sie mit Konflikten um? Was schätzen die anderen an Ihnen? Wie gehen Sie mit Ihren Ressourcen um?

- Womit haben Sie Ihre größten Erfolge gefeiert? (Muss nicht unbedingt im beruflichen Kontext sein.)

- Wegen welcher Eigenschaft werden Sie von anderen beneidet?

- Wie werden Sie von anderen beschrieben? Haben Sie Marotten und charmante Schwächen und Ticks?

- Welche Prinzipien empfinden Sie als unveräußerbar? Wie müsste ein Konflikt aussehen, in dem Sie bereit wären, Nachteile für Ihre Werte in Kauf zu nehmen?

Perspektive

Als Storyteller entscheiden Sie sich mit der Wahl der Perspektive dafür, von welchem Blickpunkt aus Sie über das Geschehene berichten wollen. Die Perspektive informiert über Ihre innere Haltung zur Handlung und zu den darin auftretenden Figuren. Sind Sie Zeuge oder waren Sie selbst beteiligt? Identifizieren Sie sich mit den Protagonisten und mit der Story oder gehen Sie eher auf Distanz, weil Sie ein abschreckendes Beispiel vortragen wollen? Sind Sie emotional beteiligt oder treten Sie als ein nüchterner Beobachter auf? Ist Ihre innere Haltung zum Geschehenen geprägt von ironischer Distanz oder Empörung? Kennen Sie die Motive aller Beteiligten?

Die Wahl des Standpunktes entscheidet darüber, wie Ihre Zuhörer die Geschichte erleben sollen. Ein Kind wird über einen Zoobesuch anders berichten als sein erwachsener Begleiter. Ein verärgerter Kunde hat eine ganz andere Version des Geschehens als der Kundenberater. Und wenn Sie auf ein Geschehen aus großer zeitlicher Distanz blicken, berichten Sie wieder anders.

Beispiel:

 In dem Film „Rashōmon", einem Meisterwerk des japanischen Kinos aus dem Jahr 1950, wird eine Erzähltechnik angewendet, die zeigt, welche verblüffenden Möglichkeiten sich aus unterschiedlichen Erzählperspektiven ergeben. Diese Technik stiftete Kinogänger, Philosophen und Psychologen dazu an, über die menschliche Wahrnehmung der Wirklichkeit nachzudenken und zu debattieren.

> Der Regisseur des Films, Akira Kurosawa, erzählt die Geschichte eines Verbrechens aus vier unterschiedlichen Perspektiven: die der vermeintlichen zwei Täter, die eines Zeugen und die des toten Opfers. So verschieden die Menschen sind, so unterschiedlich sind auch ihre Wahrnehmungen. Das Spiel mit den Perspektiven in „Rashōmon" erhöht nicht nur die Spannung bei der Suche nach dem wahren Täter, es offenbart Werte, Motive und Gefühle der Beteiligten, und es regt dazu an, über den Wahrheitsgehalt sogenannter objektiver Tatsachen nachzudenken, die eigene Wahrnehmung zu prüfen und Menschen in ihrem Handeln genauer zu beobachten, statt Vorurteile regieren zu lassen.

Dies zeigt, wie fruchtbar es sein kann, aus der Sicht mehrerer Beteiligter zu erzählen.

> Ein Perspektivenwechsel hat nicht nur eine dramaturgische Wirkung, er ermöglicht es auch, die Ziele, Emotionen oder Bedürfnisse eines anderen sichtbar werden zu lassen und sein Handeln erklärbar zu machen.

Wenn Sie Verständnis für das Agieren einer Abteilung erwecken oder für die Kundenanforderungen sensibilisieren wollen, nehmen Sie die Perspektive des anderen an. Berichten Sie über den Ablauf eines Projektes aus der Sicht mehrerer Beteiligten. Auch wenn Sie für Entscheidungen werben, empfiehlt es sich gegenteilige Positionen anzunehmen. Damit ermöglichen Sie Ihrem Publikum oder Ihrem Gegenüber, Ihren Entscheidungsweg nachzuvollziehen.

Übung: Perspektivwechsel

Kennen Sie Situationen, in denen Sie Ihr Gegenüber einfach nicht verstehen? Warum handelt die Person so? Warum sagt sie dieses oder jenes? Von Ihrem Standpunkt aus finden Sie den anderen nur unmöglich und unverständlich. Die Fronten verhärten sich. Jeder bleibt in seiner Welt, seinen Werten und seiner Denkweise verhaftet. Folgende Übung kann Ihnen helfen, Ihr Gegenüber besser zu verstehen.

- Nehmen Sie zwei Stühle und stellen Sie sie einander gegenüber auf.

- Setzen Sie sich auf den ersten Stuhl. Er verkörpert Ihre Denkweise. Berichten Sie über das Geschehene aus Ihrer Perspektive. Sprechen Sie Ihre Gedanken und Ihre Gefühle zum strittigen Thema laut aus.

- Setzen Sie sich nun auf den anderen Stuhl: Das ist der Stuhl des anderen, den Sie nicht verstehen können. Versuchen Sie sich in seine Welt, seine Denkweise, seine Werte und Gefühle zu versetzen. Sehen Sie sich das Geschehen aus seiner Sicht an. Erzählen Sie laut, wie er denken und fühlen könnte.

- Sie können auch einen Dialog führen, indem Sie immer wieder den Stuhl wechseln und antworten.

- Schreiben Sie die Verhaltensweisen und Argumente Ihres Gegenübers auf. Es kann sein, dass Sie jetzt besser einschätzen können, wieso er so handelt oder denkt. Überlegen Sie sich, wie Sie mit ihm beim nächsten Mal sprechen.

Auch wenn Ihnen der Wechsel des Stuhls zunächst albern erscheinen mag, probieren Sie es aus! Sie erleichtern es sich durch ein so einfaches Mittel enorm, wirklich in die Rolle des anderen zu schlüpfen. Als Storyteller (und Mensch) profitieren Sie enorm von der Fähigkeit, fremde Sichtweisen zu begreifen.

Diese Übung hilft Theater- und Filmautoren, sich in die Denkweise ihrer Figuren einzufühlen, die Welt mit deren Augen zu sehen, damit sie glaubwürdige und schlagfertige Dialoge gestalten können. Der Nutzen der Methode auch in der Konfliktlösung liegt auf der Hand. Die verschiedenen Standpunkte der Konfliktparteien werden auf diese Weise aufgedeckt. Das ist die Grundvoraussetzung für das Verständnis des anderen.

Spannung

Aus der Sicht von Alfred Hitchcock ist Spannung ein Spiel mit Erwartungen. Das Unbekannte und Unerwartete, das sich hinter einer Tür oder hinter einem scheinbar normalen bürgerlichen Leben versteckt, führt zu Erwartungen, Spekulationen, Interpretationen. Spannung erzeugen bedeutet Neugier erzeugen durch das Vorenthalten von Informationen und dadurch, den Moment des Ungewissen zu verlängern. Die Erzähler geben nicht zu viel preis oder führen die Zuhörer auf falsche Fährten. Manchmal schenken sie ihrem Publikum auch einen Wissensvorsprung. Man erfährt, dass hinter einem Vorhang Gefahr lauert oder unter einem Tisch, an dem zwei Menschen ein belangloses Gespräch führen, eine Bombe tickt. Um das Publikum zu verführen, greifen die Erzähler zu Tricks. Sie verlangsamen oder stoppen die Aktion im spannendsten Augenblick (Cliffhanger), wechseln den Ort, die Zeitebene oder nehmen einen anderen Erzählstrang auf. Viele Erzähler, die Spannung erzeugen wollen, verwenden Rätsel- und Ermittlungsmuster, um das Publikum zum Mitraten zu bewegen, und lassen nur scheibchenweise Informationen durchsickern. Die Wahrheit erscheint dann als etwas sehr Kostbares.

Beispiel:

> Das beste Beispiel dafür finden Sie nicht in einem Film, sondern in der Inszenierung eines Produktes. Bei der Einführung des iPhone hat Steve Jobs beinahe eine Stunde lang von den Features des Produkts geschwärmt, ohne das Gerät zu zeigen. Das Geheimnis des ersten MacBook Air wurde auf ähnliche Weise durch einen Suspense-Trick zelebriert. Ein außergewöhnliches Produkt wurde nach Wochen, Tagen, Stunden und Minuten der wilden Spekulationen aus einem gewöhnlichen grauen Kuvert gezaubert.

Der Aufbau der Spannung und ihre Auflösung, das Verhüllen, Verbergen, das bewusste In-die-Irre-Führen, um eine unerwartete Lösung anzubieten, ist eine der kunstvollsten und zugleich kaltschnäuzigsten Techniken von Storytelling. Hier geht es nicht darum, wie in vielen rhetorischen Ratgeber empfohlen, das Publikum mit seiner eigenen Begeisterung anzustecken, sondern mit nüchterner Berechnung erst mal auf die Folter zu spannen oder hinters Licht zu führen, um damit die Aufmerksamkeit zu lenken und Genuss zu erzeugen.

Übung: Die Kunst des Suspense

Hier finden Sie einige Übungen, um die Kunst des „Suspense" zu erlangen und zu verfeinern.

- Vielleicht lagen Sie schon einmal mit Ihrem ersten Eindruck über eine Person oder eine Situation falsch, steckten jemanden in eine ganz kleine Schublade, hielten ihn für eine vollkommen Lusche, dabei war er einfach nur schüchtern, wuchs dann aber bei einer Aufgabe über sich hinaus und sprengte so Ihre Klischees. Vielleicht entpuppte sich Ihre vermeintlich opportune und schwache Vorgesetzte als standhafte Frau? Beschreiben Sie detailgenau Ihre Täuschung, Erwartungen – und dann berichten Sie, auf welche Art und Weise Sie „ent-täuscht" und eines Besseren belehrt wurden.

- Wann hatten Sie das Gefühl in einer ausweglosen Situation zu stecken, ein unlösbares Rätsel lösen zu müssen? Auf welche Art und Weise haben Sie es bewältigt?

- Wann wurden Sie in einer Situation von Ihrem Kollegen/ Chef, Kunden auf angenehme Weise überrascht? Was genau spielte sich da ab?

- Erinnern Sie sich an einen Vorfall, in dem Ihre übertriebenen Sorgen und Ängste sich im Nu aufgelöst haben?

- Findet sich in Ihren oder anderen Erfahrungen ein gewöhnliches Erlebnis, das sich außergewöhnlich entwickelt hat? Beschreiben Sie z. B. wie die Missachtung von scheinbar belanglosen Details oder einfachen Regeln schwerwiegende Folgen hatte.

- Wann empfanden Sie Furcht und Sorge um einen anderen Menschen? Was ist genau vorgefallen? Was haben Sie daraus gelernt?

- Sie haben sicher schon auf eine wichtige Nachricht oder Entscheidung gewartet. Beschreiben Sie genau den Ablauf. Was haben Sie gefühlt, gedacht?

- Wann haben Sie sich, beruflich oder privat, auf ein Ihnen vollkommen unbekanntes Terrain gewagt, sich verirrt, Abkürzungen genommen und Unerwartetes erlebt?

- Waren Sie neugierig, sind Sie mal ein hohes Risiko eingegangen? Wenn ja, was ist genau passiert und was haben Sie daraus gelernt?

- Haben Sie Ihre Gesundheit, vielleicht auch Ihr Leben für andere aufs Spiel gesetzt? Was ist vorgefallen? Was haben Sie daraus gelernt?

Humor

John Lasseter, der Gründer von Pixar Animation Studios, warnte seine Führungskräfte: „Wer schlechte Laune verbreitet, schadet dem Unternehmen und gehört gefeuert!" Es ist nicht weiter bekannt, ob diese Drohung dazu führte, dass bei Pixar-Mitarbeitern Lachkrämpfe und Zwerchfellentzündungen als Arbeitsleiden von der Krankenkasse anerkannt wurden, das Unternehmen ist auf jeden Fall bis heute eines der kreativsten und erfolgreichsten der Filmindustrie.

Humor, und damit die Gattung Komödie, gilt als Kunst. Und das heißt: Jeder will sich mal versuchen, doch nicht jedem gelingt es. Die Auffassung darüber, was Kunst ist und was nicht, stiftet noch mehr Verwirrung. Die Kunstversuche bewirken allzu oft peinliches Schweigen, bedauerndes Grinsen, vornehmen Ekel oder gar Todesdrohungen. Also was tun? Ob Sie lieber die Finger davon lassen oder doch versuchen, mit dem Risiko des kläglichen Scheiterns und des Prädikats „unfreiwillig komisch", Menschen zum Lachen zu bringen, bleibt Ihnen überlassen.

Die Konfrontation eines Charakters mit einer vollkommen gegensätzlichen Umwelt ist eine der charmantesten und wirkungsvollsten Komikmuster. Charlie Chaplin wendet es beinahe in jedem seiner Filme an. In „Goldrausch", „Moderne Zeiten" oder „Der große Diktator" muss sich ein naiver, herzensguter Mann in einer ihm vollkommen fremden und bedrohlichen Welt behaupten. Diese Art von Komik, die die Amerikaner „Fish out of Water" nennen, verhalf in den letzten Jahren einigen französischen Kinokomödien zu großer Popularität: man nehme nur die Konfrontation eines grimmigen Beamten mit einer lebenslustigen Kleinstadtgemeinde in „Willkommen bei den Sch`tis" oder die Begegnung eines an den Rollstuhl gefesselten, zynischen Intellektuellen mit einem arbeitslosen Farbigen in „Ziemlich beste Freunde". John Vorhaus, ein amerikanischer Comedian und Autor von „Eine schrecklich nette Familie" hat in seinem Buch „Handwerk Humor" die Großen des Fachs analysiert. Wenn Sie mehr über die Tricks der erfolgreichen Humorexperten erfahren wollen, sei Ihnen das Buch herzlichst empfohlen.

Der gezielte Einsatz von Humor im Storytelling gehört sicher zu den höheren Weihen. Hier aber zumindest einige Tipps, was Sie in jedem Fall vermeiden sollten:

- Versuchen Sie nicht, krampfhaft Ihren Vortrag mit einem Witz zu eröffnen. Geben Sie sich und Ihrem Publikum Zeit. Sie müssen keine Lachsalven provozieren; ein heiterer Glanz in den Augen Ihrer Zuhörer ist besser als ein Schenkelklopfer.

- Machen Sie keine Witze oder vermeintlich lustige Bemerkungen auf Kosten anderer. Sie ernten dafür nur das dreckige Lachen.

- Lachen Sie nicht über den eigenen Humor, vor allem nicht in Ihrer „überlegenen Rolle" als Vorgesetzter, Kunde oder Moderator. Die anderen grinsen müde oder finden es geschmacklos, und diejenigen, die am lautesten lachen, nehmen Sie nicht ernst.

Übung: Geschichten mit Humor

Wenn Sie Ihre Storys mit Humor würzen wollen, können Ihnen bei der Suche nach Ideen die folgenden Fragen helfen.

- Wann landeten Sie in einer Ihnen fremden Umgebung? (Wechsel ins Ausland, neuer Standort, fremdes Fachgebiet. Eine Bankkaufrau aus Berlin – offensiv, vital, große Klappe – gerät z. B in eine Bank im Bayerischen Wald, wo die Menschen nicht viele Worte machen oder gar ihre Meinung offen sagen.) Was erschien Ihnen ungewöhnlich? Wie haben Sie versucht, sich anzupassen, die anderen für sich zu gewinnen oder sich zu widersetzen?

- Denken Sie über erste Erlebnisse nach: Wie war Ihr erster Arbeitstag, Ihre erste Autofahrstunde, Ihr erster Kundenauftrag? Gab es Fehler, Pech und Pannen, Missverständnisse? Nehmen Sie eine wohlwollende Perspektive an. Berichten Sie Heiteres.

- Wann haben Sie sich zum letzten Mal richtig blamiert und womit? Wann und wie haben Sie sich das letzte Mal tollpatschig angestellt?

- Wann haben Sie eine turbulente Geschichte mit einem Happy End erlebt?
- Wann haben Sie zuletzt Tränen gelacht und warum?

Emotionen

Die meisten Menschen legen großen Wert darauf, im Beruf besonders professionell zu wirken. Leider verwechseln sie dabei nicht selten ihr Berufsleben mit einem Pokerspiel. Sie denken, sie würden nur dann kompetent erscheinen, wenn sie sich vollkommen im Griff haben. Es ist nichts gegen den Versuch einzuwenden, die eigene Aufregung zu bändigen, Langeweile zu kaschieren oder cholerische Ausbrüche im Zaum zu halten. Eine innere Einstellung jedoch, die uns einflüstert: „Hinter jeder emotionalen Regung lauert die Gefahr des Gesichts- und Kompetenzverlustes", beraubt unsere Kommunikation ihrer wichtigsten Komponente: Emotionen. Sie machen uns je nach Erziehung und Kulturkontext schwach, verletzlich oder überzeugend und gefährlich – doch vor allem einzigartig.

Emotionen und deren Ausdruck – Angst, Reue, Freude, Liebe, Trauer, Zuneigung, Fürsorge, Hass, Wut, Vertrauen – sind unverzichtbare Elemente einer guten Story. Gefühle zu erleben, sie vermeiden zu wollen und die Reflexion darüber, machen aus uns faszinierende, widersprüchliche Wesen, die sich binden und trennen, lieben und bekämpfen und das manchmal gleichzeitig, die kooperieren und sich nach Einsamkeit sehnen, die Entscheidungen treffen oder davonlaufen. Nichts lässt uns kalt, auch wenn wir es behaupten.

> Wenn Sie zu einem Produkt, einer Dienstleistung, einem Team oder Unternehmen eine Geschichte erzählen, überlegen Sie, welche Ihrer Emotionen Sie preisgeben wollen, und welche Emotionen Sie bei Ihrem Gegenüber/Publikum erzeugen wollen. Das Beschreiben, Reflektieren und Erzeugen von Gefühlen sind Kern und Motor einer guten Story.

Protagonisten werden lebendig und Geschichten stark, wenn es Ihnen gelingt Emotionen zu erzeugen. Hier einige Anregungen, die Sie unterstützen, dies zu erreichen.

- Erzeugen Sie Gefühle bei Ihrem Publikum/Gegenüber dadurch, dass Sie die Situation beschreiben, und nicht dadurch, Gefühle zu nennen. Statt zu sagen „Ich war aufgeregt", schildern Sie Ihre Reaktionen.

Beispiel:

> „Mein Puls lag bei gefühlten 130, meine Finger zitterten. Ich war nicht in der Lage mein Sakko richtig zuzuknöpfen. Ich atmete tief durch, doch das half nicht. Also fing ich an, laut zu schimpfen, das half. Mein Arbeitskollege sah mich allerdings ziemlich irritiert an. Ich grinste: ‚Eine neue Entspannungstechnik und nützlich kurz vor dem Meeting beim Vorstand.' ‚Du hast dein Sakko verkehrt rum an', stellte er trocken fest. Jetzt begann ich erst richtig zu zittern."

- Perfektion, Ordnung und saubere Lebensläufe erzeugen Aggression und Misstrauen. Menschen sind keine Maschinen, die pannenfrei zu funktionieren haben. Beschreiben Sie Widersprüche zwischen Denken, Fühlen und Handeln, das verleiht Ihren Entscheidungen Größe und erzeugt Respekt.

- Beschreiben Sie Träume und Sehnsüchte.

- Gestatten Sie sich selbst und Ihren Figuren Momente der Schwäche, Einsamkeit, des Verlorenseins, des Nichtwissens, bevor es wieder weitergeht.

- Beschreiben Sie Sinnesempfindungen und Atmosphäre: Gerüche, Geräusche, Geschmack, Licht.

- Beschreiben Sie die Momente großer Erfolge.

- Erfinden Sie neue Metaphern oder interpretieren Sie alte um. Machen Sie z.B. aus Sisyphos einen glücklichen Menschen, der trotz wiederholter Niederlagen nicht aufgibt. Das wirkt stärker als abgegriffene Vergleiche wie: „Wir sitzen alle in einem Boot".

- Beobachten Sie das Verhalten der anderen in emotional herausfordernden Situationen. Reflektieren Sie eigene Verhaltensmuster.

Übung: Der Emotionen-Experte

Lassen Sie sich in einer imaginären Talkshow zum Thema Emotionen interviewen. Sie sind der Emotionen-Experte und sollen folgende Fragen beantworten:

- Könnten Sie den bewegendsten Moment Ihres Lebens beschreiben? Den schönsten Tag?

- Was ist für Sie Erfolg? Wie fühlt sich das an? Könnten Sie mir eine konkrete Situation schildern?

- Wann sind Sie das letzte Mal richtig wütend geworden, und wie hat sich das geäußert?

- Haben Sie schon jemanden enttäuscht, gekränkt? Mussten Sie sich einmal richtig entschuldigen oder haben Sie echte Reue empfunden? In welcher Situation war das?

- Wie würden Ihre Eltern oder Kinder Sie beschreiben?

- Welchen Film, welches Buch oder welches Lied halten Sie für das bewegendste und warum?

- Welches Ereignis, dessen Zeuge Sie waren, hat Sie aus dem Gleichgewicht gebracht, zum Nachdenken angeregt?

- Wann sind Sie so richtig unter Leistungsdruck geraten? Welche Emotionen, körperlichen Reaktionen gingen in Ihnen vor? Was ist genau geschehen und wie haben Sie es bewältigt?

- Wofür mögen Sie sich?

- Könnten Sie mir eine wertschätzende Situation aus Ihrem beruflichen Leben beschreiben?

Auf einen Blick: Zutaten für das Storytelling

- In Erinnerung bleiben Geschichten über Menschen, die Veränderung bewältigt haben, die für ihre Träume oder Ideale kämpfen, Menschen, die aus Fehlern gelernt haben.

- Interessante Protagonisten einer Geschichte vermitteln immer auch eine Kernbotschaft.

- Durch die Wahl der Perspektive können Sie bestimmen, wie die Zuhörer die Geschichte erleben sollen. Perspektivwechsel erlauben es, verschiedene, auch widersprüchliche, Positionen einzunehmen. So lassen sich beispielsweise Entscheidungswege transparent machen.

- Spannung lässt sich erzeugen durch das Vorenthalten von Informationen, durch einen Wissensvorsprung vor den anderen Protagonisten, durch Wechsel der Zeitebene oder des Erzählstrangs.

- Eine Geschichte mit Humor zu erzählen, ist eine besondere Kunst, bei der unbedingt einige Regeln zu beachten sind.

- Das Beschreiben, Reflektieren und Erzeugen von Emotionen sind Kern und Motor einer guten Story.

Wie Sie Storytelling gezielt einsetzen

Richtig eingesetztes Storytelling sichert in beruflichen Situationen eine geglückte und erfolgreiche Kommunikation.

In diesem Kapitel erfahren Sie,

- wie Sie sich im Vorstellungsgespräch mit einer guten Geschichte präsentieren,
- warum Storytelling Führungsqualitäten steigert,
- wie Sie Ihre Präsentationen alles andere als langweilig gestalten,
- wie Storytelling den Verkauf fördert.

Im Vorstellungsgespräch

In einem Vorstellungsgespräch geht es darum, den ersten Eindruck Ihres Gegenübers zu beeinflussen. Sie wollen überzeugend, kompetent und souverän agieren und sind bemüht, die Wirkfaktoren wie Outfit, stimmlichen und körperlichen Ausdruck mit Ihren fachlichen Kompetenzen stimmig erscheinen zu lassen. Sie wollen nicht Gefahr laufen, in eine falsche oder unangemessene Schublade gesteckt zu werden.

Laut dem Psychologen Albert Bandura kann in Bewährungs- und Prüfungssituationen das Konzept der Selbstwirksamkeitserwartung erfolgreich greifen (englisch: Perceived Self Efficacy). Bei diesem spielen eigene Erfolgserlebnisse und stellvertretende Erfahrungen von Menschen, die Sie geprägt haben und die Sie achten, eine Rolle. Die Erlebnisse können unmittelbar vor dem Gespräch detailgetreu erinnert und emotional durchlebt oder im Gespräch erzählt werden.

So können Sie Storytelling im Vorstellungsgespräch nutzen:

- Rufen Sie sich im Vorfeld detailgetreu (schreiben Sie es auf!) Ihre Erfolgserlebnisse oder solche von Menschen, die Sie achten oder Ihnen gleichen (erreichbare Vorbilder) ins Gedächtnis.

- Nutzen Sie die Erzählgrundmuster, wie die Heldenreise, um Wendepunkte und Ereignisse Ihres Lebens zu reflektieren.

- Entwickeln Sie im Vorfeld Ihre persönliche Brandstory (nicht auswendig lernen). Eine Anleitung finden Sie im Übungskapitel am Ende des Buches.

- Machen Sie aus Ihrem Leben keine trockene Checkliste Ihrer Fähigkeiten und Eigenschaften. Schildern Sie im Gespräch konkrete Situationen, die Ihre Stärken, Talente, Ihre fachlichen und methodischen Kompetenzen illustrieren.

- Berichten Sie wertschätzend von Menschen, die Sie geprägt haben, von Ihren früheren Lehrern, Chefs, Kollegen, Kunden, von deren Denkweisen und Erfolgen.

- Schildern Sie Ihre Erfolge, ohne dabei die Unterstützung der anderen zu vergessen: Mentoren, Verbündete, aber auch herausfordernde Antagonisten. Was haben Sie aus dem Erfolg gelernt?

- Schildern Sie Ihre Rückschläge, ohne andere Menschen oder Umstände zu beschuldigen. Was haben Sie aus Ihren Krisen gelernt? Solche Erzählungen zeugen von Reife, Resilienz und großer Frustrationstoleranz.

- Berichten Sie auch von Situationen aus Ihrem Privatleben, aus denen Sie etwas für Ihren Beruf gelernt haben.

Beim Mitarbeitergespräch

Der amerikanische Managementvordenker Peter F. Drucker sprach oft von der Führungskraft als einer „gebildeten Person". Dabei meinte er nicht Allgemeinbildung oder gute Kinderstube – was freilich auch nicht verkehrt wäre –, sondern die Entwicklung, Pflege und intelligente Verknüpfung methodischer, fachlicher und sozialer Kompetenzen angesichts künftiger Herausforderungen. In einer höchst heterogenen und dynamischen Berufswelt, in der Werte oder Ziele nicht mehr als gegeben und unverrückbar gelten, sondern immer neu abgestimmt und verhandelt werden müssen, rückt die eigene Achtsamkeit und Aufmerksamkeit sowohl sich selbst als auch dem anderen gegenüber in den Mittelpunkt. Storytelling bietet eine wertvolle Kommunikationstechnik an, die sowohl ein aktives Zuhören nach innen – Empathie für sich selbst – als auch ein aktives Zuhören nach außen – Empathie für den anderen – ermöglicht.

Storytelling und Wertschätzung

Wertschätzende Kommunikation heißt nicht, dass sich alle mögen, sondern dass hinter den Handlungen der Menschen Werte und Bedürfnisse erkannt und berücksichtigt werden. Stimmliche und körperliche Signale helfen dabei, Nachfragen im Gespräch können Klärung bringen. Doch manch ein Mitarbeitergespräch tendiert zu einem stümperhaften Verhör oder besserwisserischen Monolog einer selbstverliebten Führungskraft. Storytelling verstärkt eine wertschätzende Haltung. Die Bereitschaft zuzuhören, bedeutet eine Investition an Aufmerksamkeit, d.h. Zeit und Konzentration für mein Gegenüber. Storytelling bedeutet zuhören zu können. Und das heißt, wie ein Anthropologe bei der Erforschung einer fremden Kultur, sich vorurteilsfrei in der Welt des anderen zu bewegen. Es heißt, die eigenen Sinne für die Selbstkundgabe meines Gesprächspartners zu schärfen. Mit Selbstkundgabe sind Äußerungen gemeint, durch die Sie auf die Einstellungen, Motive, Werte, Bedürfnisse und Emotionen Ihres Gesprächspartners schließen können.

Aufmerksam zuhören

Stellen Sie sich vor, Sie berichten jemandem etwas Wichtiges und stoßen auf ... Nichts! Keine körpersprachliche Resonanz. Weder skeptische Blicke noch ein bejahendes Nicken oder überlegenes Lächeln. Stellen Sie sich vor, Sie treten jemandem gegenüber, der alle Ihre Aussagen anzweifelt, ablehnt, verlacht, Sie würden jedoch nie den Grund seines Verhaltens erfahren. Höhere Macht oder Willkür? Möglicherweise würden Sie innerhalb kürzester Zeit wahnsinnig, wie die Helden der Erzählungen von Franz Kafka.

Menschen sind aufeinander angewiesen. Ich kann mich sozial, emotional und intellektuell entwickeln, weil es ein Feedback des Gegenübers gibt, und ich früher oder später einen Zweck, eine Haltung oder ein Motiv seines Verhaltens erkennen kann. Umgekehrt kann auch mein Gegenüber wachsen, besser oder auch schlechter werden, nicht bloß aus sich heraus, sondern aufgrund der Interaktion mit seiner Umgebung. Einen Raum in einer Gesprächssituation zu schaffen, in dem ein Mitarbeiter oder Kollege als Mensch mit all seinen Facetten und Macken außerhalb seiner Position im Unternehmen wahrgenommen wird und bereit ist, von sich etwas preiszugeben, ist die wichtigste Herausforderung für eine Führungskraft, um schwierige Gespräche zu meistern. In der Führungstheorie sprechen wir vom wertschätzenden Führen. Die Psychologie nennt es „affektives Commitment". Die Betonung liegt dabei auf der Wertschätzung des Menschen selbst und nicht seiner fachlichen oder methodischen Kompetenzen. Diese Gewichtsverschiebung auf die „unfachliche" Seite der Arbeitsbeziehung stärkt paradoxerweise Loyalität und intrinsische Motivation der Mitarbeiter. Wahrgenommen und angehört zu werden, sind urmenschliche Bedürfnisse. Sie sind im menschlichen Gehirn codiert und können durch eine wohlwollende Umgebung aktiviert werden.

Wohlwollende Selbstbetrachtung

Die Art und Weise, wie eine Führungskraft kommuniziert, ihre Aufgaben klärt und Führungsinstrumente einsetzt, ist stark von ihrer Persönlichkeit abhängig. Werte, innere Haltungen und Emotionen beeinflussen maßgeblich das Führungsverhalten und machen dessen Qualität und persönliche Unverwechselbarkeit aus. Somit hat die Entwicklung eigener Führungsqualitäten auch immer mit der Bereitschaft zur eigenen Persönlichkeitsentwicklung zu tun. Sich selbst zu erkennen, eigene Denkmuster und Verhaltensweisen zu beobachten, ohne sich vorschnell zu verurteilen, ist eine hohe Kunst der Selbstbetrachtung. Die Fähigkeit, sich selbst gegenüber Empathie zu empfinden, ohne in Selbstüberschätzung oder Selbstmitleid zu verfallen, bedeutet, vorurteilslos wahrzunehmen, dass in unserem Inneren verschiedenste Bedürfnisse, Gefühle und Gedanken in Konflikt geraten – das Rationale und Irrationale, Ahnungen, Intuitionen, Erfahrungen, Zahlen, Daten und Fakten. Empathie sich selbst gegenüber bedeutet, die Perspektive eines wohlwollenden Erzählers anzunehmen und konkrete Lebenssituationen aufzudecken, in denen sich unsere Motive oder Stärken besonders gut manifestierten. Ein Schatz an solchen erzählbaren Erfahrungen hilft in schwierigen Führungssituationen einen echten Dialog zu initiieren. Es macht unverwechselbar und erzielt eine gewinnende Wirkung.

Selbstkundgabe und Vertrauen

Storytelling in Führungssituationen bedeutet nicht nur die rhetorische Fähigkeit, in Bildern und Emotionen zu kommunizieren, farbenfroh und spannend zu erzählen, sondern vor allem die Fähigkeit zu Selbstkundgabe. Eine selbstreflektierte Erzählung ist eine Einladung zu einem Tausch. Selbstkundgabe gegen Selbstkundgabe. Vertrauen gegen Vertrauen. Dies ist die beste Form des Dialogs, eine Begegnung außerhalb der Vorurteile und nüchternen Sachverhalte.

In vielen kritischen Situationen greifen die fachlichen Argumente und hierarchischen Zwangslagen zu kurz oder gar nicht. Die Schilderung einer konkreten Lebenserfahrung mit allen rationalen und emotionalen Zutaten, Niederlagen, Irrtümern und Fehlentscheidungen, Wunschträumen, aber auch tröstlichen Begegnungen, glücklichen Zufällen und überraschenden Wendungen ist nicht rhetorisch anfechtbar. Sie gehört dem individuellen Schatz des Erzählers und ist daher auch für ein kritisches Gegenüber leichter annehmbar als eine fein geschliffene Argumentationskette. Der amerikanische Präsident Abraham Lincoln war ein exzellenter Geschichtenerzähler, der nach allen Regeln der dramaturgischen Kunst zu unterhalten wusste, auch weil er in entscheidenden politischen Diskussionen und Verhandlungen von seinen oft schmerzhaften Erfahrungen etwas preisgab. Denken Sie an Spielbergs Film „Lincoln".

Eine Führungskraft, die eigene Erfahrungen, Einsichten und Überzeugungen in einer emotional und intellektuell nachvollziehbaren Erzählform mitteilt, gewinnt Respekt und Glaubwürdigkeit. Sie eröffnet einen Raum, in dem auch das Gegenüber eigene Erfahrungen mitteilen kann.

- Führen Sie keine Interviews, bei denen Sie Ihre Mitarbeiter verhören. Wenn Sie Fragen stellen, sagen Sie, warum Sie sie stellen.

- Stecken Sie Ihr Gegenüber nicht in eine Schublade. Fragen Sie nach, vor allem wenn Ihnen manche Formulierung als „Typisch Mayer!" vorkommt und auf den Geist geht.

- Gehen Sie mit einer wohlwollenden inneren Haltung in ein Gespräch. Stellen Sie sich vor, Sie sind Forscher auf einem unbekannten Terrain. Begegnen Sie dem Kultursystem des anderen neugierig und wertefrei.

- Nehmen Sie beim Zuhören statt einer „Ja, aber"-Haltung eine „Ja, genau und ..."-Haltung an. Sie blockiert und wertet nicht, sie signalisiert Interesse. Schildern Sie eigene, wenn auch schmerzhafte und wenig heldenhafte Erfahrungen, oder berichten Sie von ähnlichen Erfahrungen von Menschen, die Sie schätzen. Vergewissern Sie sich allerdings, dass Sie die schmerzhafte Erfahrung weitererzählen dürfen, wenn nicht, anonymisieren Sie sie.

- Erzählen Sie persönliche Geschichten, um Solidarität und Unterstützung zu signalisieren. Eine dem Autor bekannte Führungskraft mit ca. 400 Mitarbeitern nahm sich drei Monate lang jede Woche eine halbe Stunde Zeit, um ein Gespräch mit einem Projektleiter zu führen, der nach einem Burn-out zurückgekehrt war. Sie redeten über Gott und die Welt. Die Führungskraft berichtete auch von eigenen Krisen, ohne Ratschläge zu erteilen.

- Nutzen Sie Geschichten als Eisbrecher, so z.B. in ersten Führungsgesprächen oder in Kritikgesprächen.

- Lassen Sie Ihre Mitarbeiter gut aussehen. Unterstützen Sie sie bei den Berichten nach außen. Sehen Sie zu, dass Ihre „Botschafter" eine gute Figur machen. Füttern Sie Ihre Umgebung mit Storys, die Ihr Team, Ihr Projekt, Ihre Abteilung gut aussehen lassen.

- Wenn Sie im Unternehmen über Dritte reden, vermeiden Sie typische Bad Storys wie „Blöd-gelaufen" oder „Schon-wieder-Scheiße-gebaut". Lassen Sie die anderen gut aussehen. Erzählen Sie über Dritte nur gute Geschichten oder gar keine.

Wenn Sie präsentieren

Es gibt eine einzige wirklich wichtige Regel beim Präsentieren: Langweilen Sie andere nicht! Viele Kompetenzen sind schon nicht erkannt, Ideen nicht verwirklicht worden und Veränderungen versandet, weil Redner einem Geheimbund zugehören scheinen, dessen einzige Aufgabe es ist, das Publikum in einen dementen Dämmerzustand zu befördern. Und dann darf man diese vor sich hin monologisierenden Ungeheuer noch nicht einmal unterbrechen, und Fragen werden erst später beantwortet. Wenn das Gehirn durch einen solchen Vortrag schon vollkommen aufgeweicht ist, lässt sich ohnehin keine gescheite Frage mehr formulieren. Wenn Sie gegen diese Geheimloge etwas unternehmen wollen, setzen Sie auf ein Zaubermittel: Storytelling!

Denken Sie daran: Eine Präsentation ist ein narratives Mittel. Storytelling ist ein Bühnenauftritt für Sie und Ihre Ideen. Geschichten und ihre Strukturen können am besten vermitteln, wer Sie sind und was Sie wollen. Setzen Sie Storytelling als Struktur für Ihren Vortrag ein oder wenden Sie in Ihrer Präsentation Geschichten an.

- Nutzen Sie die in diesem TaschenGuide beschriebenen Erzählmuster als Inspiration. Nutzen Sie die vorgestellten Handwerksinstrumente des guten Erzählens (Emotionen, Perspektivwechsel usw.).

- Nutzen Sie für den strukturellen Aufbau Ihrer Präsentation das Grundmuster der Heldenreise.

- Nutzen Sie Geschichten als Eisbrecher am Anfang des Vortrages, um die eigene Person vorzustellen oder auf das Thema einzustimmen.

- Und: Mögen Sie Ihr Publikum!

Beim Verkaufen

Storytelling im Verkauf ist genauso alt und bekannt wie der Placebo-Effekt in der Medizin. Gute Verkäufer wussten ihre Produkte schon immer durch Geschichten attraktiver und begehrenswerter zu machen. Ein Produkt, aufgeladen mit einer Geschichte oder noch besser mit einem Mythos, verkauft sich nicht nur besser, sondern auch teurer, und kann sich erfolgreich gegen Konkurrenten behaupten. Starke Marken machen aus Kunden Fans, sagen Marketingexperten. „Markentreue" Verbraucher und Investoren schätzen den guten Ruf einer

Marke, hinter dem sich immer eine gute Geschichte verbirgt, und sie sind bereit, eine ihnen „ans Herz gewachsene" Marke zu retten. Denken Sie an die Rettung von Leica oder Theresienthal.

Die Entscheidung eines Kunden wird von vielen Variablen bestimmt. Emotionen und Bedürfnisse spielen dabei oft eine Rolle. Sogar die strengsten Nützlichkeitsapostel können der Macht eines narrativen Marketings nicht widerstehen. Sie entpuppen sich nicht selten als Fans von automatischen Uhrwerken aus dem schweizerischen Jura oder von Sportwagen aus Zuffenhausen. Sie kennen nicht nur die technischen Details der Produkte, sondern auch die Geschichten und Mythen, die sich um Produkt und Unternehmen ranken. Marketingabteilung und PR-Strategen, die ihre „Fans" gewinnen und behalten wollen, sind darum bemüht, einen solchen Produktmythos zu schaffen, zu pflegen, vor einem Imageschaden zu bewahren und der Marktentwicklung anzupassen. Storytelling hilft in Kundenbeziehungen, die emotionale Bindung an das Produkt, die Marke oder Leistung herzustellen und zu halten. Im besten Fall arbeiten die Kunden selbst an dem Mythos weiter und sorgen für neue Fans.

Wenn Sie Storytelling in einem Kundengespräch einsetzen wollen:

- Schildern Sie den Gründungsmythos Ihres Unternehmens und verweisen Sie auf die Werte, die von Anfang an eine wichtige Rolle gespielt haben. Berichten Sie von den Menschen hinter den Produkten, erzählen Sie von deren besonderen Fähigkeiten und Leidenschaften für ihre Arbeit.

- Mit Hilfe eines der hier vorgestellten Erzählmuster schildern Sie die Entwicklung eines Produktes oder einer Dienstleistung. Betonen Sie nicht nur die Lösung, sondern auch Rückschläge und Hindernisse auf dem Weg zum Erfolg.

- Erzählen Sie von der Besonderheit der Orte oder Regionen, in denen Ihre Produkte/Leistungen entwickelt werden. Verweisen Sie dabei auf spezielle Qualitäten.

- Wenn Sie Referenzen präsentieren, schildern Sie konkrete Beispiele. Sie können auch die Perspektive des Referenzkunden einnehmen und über seine Anforderungen, Erwartungen und Erfahrungen berichten.

- Auf angeblich schlechte Erfahrungen oder einen schlechten Ruf können Sie mit Best-Practice-Storys Ihrer Kunden reagieren, statt Gegenargumente aufzuzählen.

- Lassen Sie den Kunden seinen Bedarf schildern, indem Sie ihn zum Erzählen über sein Unternehmen anregen. Stellen Sie hierzu folgende Fragen:

  - „Wenn Sie in die Vergangenheit blicken: was zeichnet Ihr Unternehmen aus? Was macht Sie besonders?"

  - „Angenommen, Sie könnten sich einen perfekten Lieferanten wünschen, wie tickt der, wie würde da die Zusammenarbeit aussehen?"

  - „Angenommen, unsere Zusammenarbeit dauerte bereits 10 Jahre, welche konkreten Ereignisse würden Sie ärgern, über welche hätten Sie sich gefreut?"

Auf einen Blick: Storytelling gezielt einsetzen

- Das Wachrufen von Erfolgserlebnissen stärkt die soge-nannte Selbstwirksamkeitserwartung vor Prüfungen oder Vorstellungsgesprächen. Im Gespräch selbst unterstützt Storytelling eine authentische Selbstdarstellung.

- Storytelling als Kommunikationstechnik fördert aktives Zuhören nach innen und außen. Es verstärkt so die Empathie für sich selbst und andere.

- Das Wichtigste beim Präsentieren ist, andere nicht zu langweilen. Die Erzählmuster, etwa der Heldenreise, können für den strukturellen Aufbau genutzt werden. Erzähltechniken wie Perspektivwechsel oder der gezielte Einsatz von Emotionen verleihen Ihrem Vortrag Tiefe.

- Ein Produkt, mit dem eine Geschichte verknüpft ist, hat starke Marktvorteile. Denn beim Verkaufen werden nicht nur der Bedarf des Kunden befriedigt, sondern auch seine Bedürfnisse. Dies leisten Geschichten rund um das Produkt.

Übungen zum Storytelling

Mit den folgenden Übungen trainieren Sie den Kern von Storytelling und können sich eine persönliche Sammlung erzähenswerter Geschichten anlegen. Sie greifen darauf zurück, was jeder von uns besitzt: eine Biografie, und wenden das klassische Muster der Heldenreise an.

Lange Heldenreise

Nehmen Sie sich für diese Übung mindestens zwei Stunden Zeit. Stellen Sie sich vor, es ist Abend und Sie wollen kurz spazieren gehen. Im Kino um die Ecke sehen Sie das aktuelle Programm aushängen. Verblüfft stellen Sie fest, dass an diesem Abend ein Film über Ihr Leben gezeigt wird. Es hängen Bilder aus, Highlights aus dem Film Ihres Lebens, Wendepunkte. Sie sehen Menschen und Situationen, die Sie geprägt haben. Auch wenn Sie meinen, kein zeichnerisches Talent zu haben, zeichnen Sie jetzt bitte ein Storyboard zu diesem Film. Standbilder, auf denen die Highlights Ihres Lebens zu sehen sind. Überlegen Sie sich, wer auf den Bildern zu sehen ist. Welche Handlung sehen wir? Sagt jemand etwas auf diesem Bild? Etwas Entscheidendes, Typisches, Prägendes für die Situation? Bei der Entwicklung des Storyboards wenden Sie bitte die Struktur der Heldenreise an. Stellen Sie sich dabei folgende Fragen:

- Welche Personen haben mich geprägt? Verbündete, Feinde, falsche Freunde, herausfordernde Antagonisten ... Wofür bin ich ihnen dankbar?

- Worauf bin ich in meinem Leben stolz? Stärken, Talente, Charaktereigenschaften, Erlebnisse ...

- Welche Niederlagen, Misserfolge und Enttäuschungen habe ich erlebt? Welchen Illusionen bin ich nachgejagt? Was habe ich daraus gelernt?

- Welche Erfolge habe ich erlebt? Was habe ich daraus gelernt?

- Was ist mein Lebensmotto? Mein innerer Antrieb?

- Was ist mein größter Traum, meine größte Sehnsucht?

- Wie heißt mein Film? Geben Sie Ihrem Film einen Titel.

Schreiben und zeichnen Sie nun Ihr Storyboard. Dann betrachten Sie es wie einen fertigen Film. Lassen Sie es liegen. Kehren Sie nach zwei, drei Tagen zurück, und betrachten Sie es wohlwollend. Dann fügen Sie – falls notwendig – Neues ein, streichen Überflüssiges raus. Verdichten Sie es auf eine Erzählung von 3 bis 5 Minuten. Erzählen Sie es jemandem, der gut zuhören kann, d.h. aufmerksam schweigt, wo notwendig, nachfragt, wenn er etwas nicht versteht oder mehr Details erfahren will. Erzählen Sie es sich selbst, einem alten Freund, einem sympathischen Fremden, den Sie nie wiedersehen werden. Machen Sie aus Ihrer Heldenreise, wie man in der Filmsprache sagt, einen Trailer, und erzählen Sie ihn einem Menschen in Ihrer beruflichen Umgebung, einem Mitarbeiter, einer Führungskraft, einem Kollegen oder Kunden, damit er weiß, mit wem er es zu tun hat. Wie viel Sie dabei von Ihrer persönlichen Heldenreise preisgeben, entscheiden Sie selbst.

Kurze Heldenreise

Für diese Übung brauchen Sie etwa 30 Minuten. Überlegen Sie, welche schwierigen Situationen/Herausforderungen Sie bereits in Ihrem Leben bewältigt haben. Beschreiben Sie sie!

- Wie sind Sie zum ersten Mal mit der Herausforderung konfrontiert worden? Haben Sie sie sich selbst ausgesucht?

- Gab es äußere und innere Bedenken, klare Widerstände? Wenn ja, welche? Zählen Sie diese auf.

- Welche Emotionen und Gedanken begleiteten Sie während der Bewältigung der Herausforderung? Tauchten alte Glaubenssätze auf, altbekannte Befürchtungen? Meldeten sich unterdrückte Sehnsüchte? Wie sind Sie mit diesen Emotionen umgegangen?

- Wann und was sagte Ihnen Ihre innere Stimme? Gab es einen inneren Konflikt, der sich in einem inneren Dialog (Pro und Kontra, Zweifel und Hoffnungen) widerspiegelte? Wie haben sich diese Stimmen angehört? Was haben sie genau gesagt?

- Gab es Menschen, die Sie ermutigt oder entmutigt haben – Mentoren und Verbündete, Skeptiker und Gegner? Was haben sie gesagt? Nehmen Sie die Perspektive der anderen an. Spekulieren Sie mit möglichen Standpunkten, Emotionen, Gedanken der anderen.

- Gab es einen entscheidenden Moment, einen Wendepunkt, in dem Sie beschlossen haben, die Herausforderung anzunehmen? Woran können Sie sich, wenn Sie an diesen Wendepunkt denken, noch erinnern (Ort, Menschen, die dabei waren, Uhrzeit, Wetter)?

- Was spielte sich in Ihrem Inneren ab kurz vor der „entscheidenden Konfrontation" oder „in der Nacht vor der entscheidenden Schlacht"?

- Welche Gedanken und Emotionen stellten sich nach der Bewältigung der Herausforderung ein?

- Wie denken Sie darüber in der Rückschau? Was haben Sie aus der Erfahrung gelernt?

Entwerfen Sie anhand dieser Übung eine kurze (2 bis 3 Minuten lange) mündliche Erzählung. Sie können Ihre Erzählung als „Success Story" oder „Brandstory" in den Situationen anwenden, in denen Sie von Ihren Stärken berichten wollen. Dadurch dass Sie nicht bloß vom Erfolg, sondern vom mühsamen Weg dorthin berichten und etwas von Ihren Emotionen preisgeben, wirken Sie authentisch, nah und menschlich. Sie vermeiden damit den Eindruck einer profilsüchtigen, selbstverliebten Rampensau. Suchen Sie in Ihrer Biografie und in Biografien Ihrer Freunde, Kollegen, Kunden, Kinder und Nachbarn nach ähnlichen Erlebnissen und gießen Sie sie in dieses Erzählmuster.

Stichwortverzeichnis

Literatur

Ballreich, Rudi und Glasl, Friedrich: Mediation in Bewegung: ein Lehr- und Übungsbuch mit Filmbeispielen auf DVD, Stuttgart 2011.

Bauer, Joachim: Warum ich fühle, was du fühlst: intuitive Kommunikation und das Geheimnis der Spiegelneurone, München 2012.

Berne, Eric: Spiele der Erwachsenen: Psychologie der menschlichen Beziehungen, Reinbek bei Hamburg 2002.

Campbell, Joseph: Der Heros in tausend Gestalten, Berlin 2011.

Carrière, Jean-Claude, Bonitzer, Pascal et al.: Praxis des Drehbuchschreibens. Über das Geschichtenerzählen, Berlin 2011.

Eliade, Mircea: Kosmos und Geschichte: der Mythos der ewigen Wiederkehr, Frankfurt 2007.

Gigerenzer, Gerd: Bauchentscheidungen: die Intelligenz des Unbewussten und die Macht der Intuition, München 2008.

Glaser, Christoph und Wessely, Dominik: Unternehmen statt unterlassen: Von der ungewöhnlichen Rettung eines Traditionsbetriebs, Berlin 2006.

Häusel, Hans-Georg: Brain Script. Warum Kunden kaufen, Freiburg, München 2007.

Häusel, Hans-Georg: Neuromarketing, Freiburg 2013.

Huizinga, Johan: Homo Ludens: vom Ursprung der Kultur im Spiel, Reinbek bei Hamburg 2004.

Seliger, Ruth: Das Dschungelbuch der Führung: ein Navigationssystem für Führungskräfte, Heidelberg 2013.

Siegel, Daniel J.: Wie wir werden, die wir sind: neurobiologische Grundlagen subjektiven Erlebens und die Entwicklung des Menschen in Beziehungen, Paderborn 2010.

Vorhaus, John: Handwerk Humor, Frankfurt am Main 2010.

Impressum

Bibliografische Information der Deutschen Nationalbibliothek
Die Deutsche Nationalbibliothek verzeichnet diese Publikation in der Deutschen Natio-
nalbibliografie; detaillierte bibliografische Daten sind im Internet über
http://dnb.dnb.de abrufbar.

Print: ISBN: 978-3-648-04983-9   Bestell-Nr.: 00999-0001
ePub: ISBN: 978-3-648-04984-6   Bestell-Nr.: 00999-0100
ePDF: ISBN: 978-3-648-04985-3   Bestell-Nr.: 00999-0150

Gregor Adamczyk
Storytelling – Mit Geschichten überzeugen
1. Auflage 2014, Freiburg

© 2014, Haufe-Lexware GmbH & Co. KG, Munzinger Straße 9, 79111 Freiburg
Redaktionsanschrift: Fraunhoferstraße 5, 82152 Planegg/München
Telefon: (089) 895 17-0
Telefax: (089) 895 17-290
Internet: www.haufe.de
E-Mail: online@haufe.de
Redaktion: Jürgen Fischer
Redaktionsassistenz: Christine Rüber

Konzeption und Realisation: Nicole Jähnichen, www.textundwerk.de
Lektorat: Gisela Fichtl, München
Satz: Beltz Bad Langensalza GmbH, 99947 Bad Langensalza
Umschlag: Kienle gestaltet, Stuttgart
Druck: freiburger graphische betriebe, 79108 Freiburg

Der Autor

Gregor Adamczyk

brach 1987 aufgrund politischer Verfolgung das Literatur-wissenschaftliche Studium in seiner polnischen Heimatstadt Danzig ab und emigrierte ins damalige West-Berlin. Er war jahrelang als Theaterregisseur und Drehbuchautor tätig, hat am Residenztheater in München inszeniert und für die ARD und den SWR geschrieben.

Seit 1996 begleitet er Unternehmen bei Veränderungspro-zessen, coacht und trainiert Mitarbeiter und Führungskräfte zu den Themen „Verbale und nonverbale Kommunikation", „Überzeugend Auftreten" und „Wertschätzend Führen". Bei seiner Tätigkeit als Berater und Trainer setzt er unter anderem narrative Methoden und Theatertechniken ein.

Er wohnt in München, ist glücklich verheiratet und Vater von drei Söhnen.

Im Haufe Verlag sind von ihm u.a. die Titel „Körpersprache" (Reihe TaschenGuide) und „Sich durchsetzen" (Reihe eBook active, optimiert für iPad) erschienen.

www.gregor-adamczyk.de

info@gregor-adamczyk

Wissen to go!

**TaschenGuides.
Schneller schlauer.**

Kompetent, praktisch und unschlagbar günstig.
Mit den TaschenGuides erhalten Sie
kompaktes Wissen, das Sie überall begleitet –
im Beruf und im Alltag.

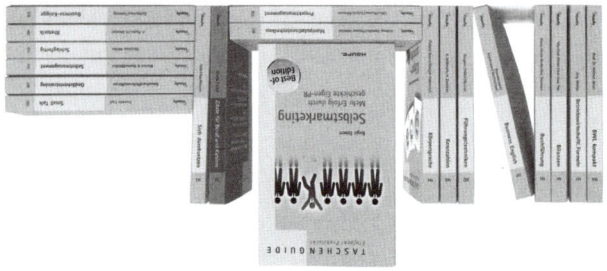

Mehr Informationen zu den TaschenGuides
finden Sie auf www.taschenguide.de
und auf www.facebook.com/Erfolgreich